职业教育机械类专业一体化系列教材

钳工技能实训

主　　编　杨国勇
副主编　黄炳祥　唐启贵　唐　著
参　　编　杨铸刚　苏耀旭　王友凤
　　　　　韦雨英　周　猛

机械工业出版社

本书是在"以就业为导向、工学结合"的职业教育办学思想指导下，以钳工基本技能任务为引领，以国家职业技能标准为依据，结合机械类专业一体化课程教学需要编写的工学一体化教材。

本书分3部分内容，第1部分为钳工基本技能，内容有划线、錾削、锉削、锯削、典型工件的加工、孔加工和螺纹加工、锉配、矫正与弯形、铆接、刮削、研磨等基本操作技能。第2部分为钳工考证技能，内容包含钳工考证技能及技能竞赛训练题。第3部分为钳工综合技能，内容包含六角螺母的制作、金属锤子的制作、平行夹的制作。

本书按照工学一体化的教学理念，突出实训，特别是学生实训任务内容，教师在使用过程中可按照教材内容布置实训任务，学生通过练习完成实训任务，其技能熟练程度可达到教学大纲要求的水平。本书运用"互联网+"形式，在部分知识点处嵌入二维码，方便读者理解相关知识，进行更深入的学习。

本书可作为职业院校机械类相关专业的钳工技能实训及一体化课程教学用书，也可作为钳工技能鉴定培训机构的培训教材，还可供企业相关技术人员参考。

图书在版编目（CIP）数据

钳工技能实训/杨国勇主编. —北京：机械工业出版社，2021.5
（2022.6重印）

职业教育机械类专业一体化系列教材

ISBN 978-7-111-67736-9

Ⅰ.①钳… Ⅱ.①杨… Ⅲ.①钳工-高等职业教育-教材 Ⅳ.①TG9

中国版本图书馆 CIP 数据核字（2021）第 042525 号

机械工业出版社（北京市百万庄大街 22 号 邮政编码 100037）
策划编辑：黎 艳 责任编辑：黎 艳 王海霞
责任校对：肖 琳 封面设计：张 静
责任印制：常天培
北京机工印刷厂印刷
2022 年 6 月第 1 版第 2 次印刷
184mm×260mm·13.75 印张·337 千字
标准书号：ISBN 978-7-111-67736-9
定价：45.00 元

电话服务   网络服务
客服电话：010-88361066   机 工 官 网：www.cmpbook.com
          010-88379833   机 工 官 博：weibo.com/cmp1952
          010-68326294   金 书 网：www.golden-book.com
封底无防伪标均为盗版   机工教育服务网：www.cmpedu.com

前　言

　　现代装备制造业的发展对钳工提出了更高的要求，掌握和运用好钳工技术专业技能是保障产品质量的关键。制造技术的现代化使钳工的工作范围逐渐扩大，分类更细。但不管钳工如何分类及分工，都要掌握钳工技术的基本技能，以适应企业对人才的需求。为了方便钳工技术专业技能人员的课前预习、课中学习和课后复习，满足职业院校机械类专业的钳工技术专业技能实训教学需要，特编写了本书。

　　本书参照《钳工国家职业标准》，按照工学一体化的教学理念，根据编者多年来钳工实训教学的经验与总结，注重"实用""实践兼顾理论""培训与鉴定相结合"的原则，使学生掌握钳工技术的各项基本技能，为后续课程及就业打下基础。

　　本书具有以下特色：

　　（1）编写结构模块化　内容主要包括划线、錾削、锉削、锯削、典型工件的加工、孔加工和螺纹加工、锉配、矫正与弯形、铆接、刮削、研磨等基本操作技能，涉及钳工的常用设备、工量具的使用，以学习活动形式展现，强调以工作岗位所需职业能力的培养为核心，保证了职业能力培养目标的顺利实现。

　　（2）内容新　针对机械相关专业学生的特点，加入了金属材料与热处理、机械制图等方面的知识，理论与生产实践相结合，书中以工作过程为导向，把钳工的理论与实践相结合，把安全操作规程与操作方法相结合。同时运用了"互联网+"技术，在部分知识点附近设置了二维码，使用者可以用智能手机进行扫描，便可在手机屏幕上显示和教学资源相关的多媒体内容，方便读者理解相关知识，进行更深入的学习。

　　（3）结构新　以学习活动方式组织教学内容，各个任务相互独立，一种技能一个任务，重点突出、主题鲜明，具有良好的弹性和拓展性，教师可不按本书所编排顺序，而是根据教学需要自行安排，教与学自主性加强。每个任务均设置有学习目标、学习要求；既绘出工件图，又绘出工件实物图；既有实训步骤，又有评分表；既有教师评分，又有自评分；每个工作任务结束后还有小结，这些尝试都是本书的特色。

　　（4）方法精　特别注重对每种钳工技能操作方法的提炼和讲解。一种技能的形成，是从不会到会，从会到熟练，从熟练到灵活运用的过程。因此，要掌握技能，就要反复练习、重复练习，特别是基本技能形成的初级阶段，重复的过程就是技能不断强化的过程。根据钳工技能形成规律，书中设置了很多重复练习的内容，如粗锉、精锉；把较难掌握的技能拆分成几个单一技能练习，如锉削技能拆分成锉削动作姿势、锉削平面、粗锉、精锉四个单一技能；把有的技能分解，如把锉削工件技能分解成十个典型的工件锉削技能，把锉配技能分解成镶配、尺寸配、对配和组合配四个技能点，学生能弄清操作方法和步骤，触类旁通。

本书还配套了适量的钳工考证技能实例、竞赛训练题和钳工综合技能训练题。

由于编者水平有限，在使用过程中也许未能达到要求，敬请大家见谅，并提出宝贵意见。

编　者

二维码索引

（续）

序号	名称	二维码	页码	序号	名称	二维码	页码
15	锯削实例		50	24	刮削		130
16	锉削实例		54	25	刮削工具及显示剂		131
17	钻孔		82	26	刮削原理与种类		131
18	攻螺纹		85	27	刮削质量的检查		131
19	套螺纹		86	28	研磨		136
20	标准麻花钻		87	29	研具		136
21	锉配		94	30	常用钻床		160
22	矫正		120	31	钻削用量常识		160
23	弯形		120				

目 录

第1部分 钳工基本技能

任务1

安全教育、熟悉学习环境

学习活动1 钳工基本技能实训安全知识学习

一、学习目标

了解钳工基本技能实训的安全知识，领会其重要性，了解钳工实训教室的规章制度及"6S"管理内容。

二、学习要求

1）提高安全思想，明确安全知识的重要性。

2）在钳工基本技能实训过程中，要严格遵守有关钳工基本技能实训的安全要求，并在今后的工作过程中执行。

3）了解钳工实训教室规章制度及"6S"管理的内容，并在今后的实训及工作过程中执行。

三、工作任务

实训前学习钳工基本技能实训安全知识及"6S"管理的内容。

1. 学习钳工基本技能实训安全知识的重要性

在钳工基本技能实训及今后工作中，都有可能发生安全事故，严重时甚至会危及个人生命。如果掌握了避免事故发生的方法，并在今后的实训及工作中切实执行安全操作规程，可在很大程度上避免事故发生，使个人安全得到保障。因此，了解钳工基本技能实训安全知识十分重要。

2. 安全事故举例

在以往的钳工基本技能实训中，发生过以下安全事故：某学生在錾削过程中未握紧錾子，导致錾子脱手飞出，击中其他学生的面部致其受伤；钻孔时未夹紧工件，只用手按压工件，当钻头快要钻穿工件时，因操作进给手柄过于用力，致使钻头快速钻穿工件并带动工件旋转，高速旋转的工件打伤了该学生的左手……

事实上，上述事故是可以避免的，引起这些事故的主要原因是实训过程中，操作者未遵守安全操作规程。安全操作规程规定，錾削时要握紧錾子，钻孔时要将工件夹紧，如果按照规程操作，这些事故就不会发生了。因此，在今后的实训及工作中，应严格遵守安全操作规程，避免类似事故发生。

3. 钳工基本技能实训安全文明知识

（1）錾削安全文明知识

1）工作台上要安装安全防护网。

2）錾削时要将錾子握紧，以防脱手伤人。

3）锤柄松动或损坏时，应立即装牢或更换。

4）对錾子进行锻造及热处理时应小心谨慎，以免灼伤。

（2）锉削安全文明知识

1）锉刀柄要装牢，不能使用无柄或锉刀柄有裂纹的锉刀。

2）清除切屑要用刷子，不能直接用手清除或用嘴吹。

（3）锯削安全文明知识

1）工件快要锯断时，用力要轻，以防工件突然锯断伤手或工件断落砸伤脚。

2）锯削时用力要控制好，防止因锯条突然折断而失去重心，致人受伤。

（4）工具、量具摆放要求

1）工具、量具要按顺序摆放并排列整齐，不能伸出钳工工作台边缘。

2）工具、量具不能和工件混放在一起。

3）量具使用完毕后应擦干净，并在其表面上涂油防锈。

4）工具、量具放入工具箱时也要摆放整齐，不应任意堆放，以防被损坏和取用不便。

（5）使用台虎钳安全文明知识

1）夹持工件要松紧适当，不得借助其他工具加力。

2）强力作业应使力的方向朝向固定钳身。

3）不允许在活动钳身和光滑面上敲击作业。

4）应经常清洁、润滑丝杠、螺母等活动表面，以防生锈。

（6）使用钻床安全文明知识

1）操作钻床时不能戴手套，袖口要扎紧；女同学必须戴工作帽。

2）工件要装夹好，快要钻穿工件时，要减小进给力。

3）起动钻床前，要取下钻夹头钥匙或斜铁。

4）清除切屑时不可用手和棉纱头擦拭或用嘴吹，必须用毛刷清除；对于长条切屑，要用钩子钩断后除去；手动操作应断续提起钻头断屑，以便切屑排出。

5）操作者的头部不能与旋转的主轴靠得太近，不能用手抓住主轴制动，应让主轴自然停止，也不能反转制动。

6）严禁在开车状态下装拆、检查工件，变换主轴转速，必须在停车状态下进行以上操作。

7）清洁钻床或加注润滑油时，必须切断电源。

（7）使用砂轮机安全文明知识

1）砂轮机的旋转方向要正确，磨屑只能向下飞离砂轮。

2）砂轮机起动后，应在砂轮旋转平稳后再进行磨削。若砂轮跳动明显，应及时停机检修。

3）砂轮机托架和砂轮之间的距离应保持在 3mm 以内，以防工件扎入造成事故。

4）使用砂轮机时要戴好防护眼镜，磨削时应站在砂轮机的侧面，且不宜用力过大。

（8）钳工实训教室规章制度

1）热爱集体、尊师守纪、友爱同学、互帮互学、听从指挥、刻苦勤学。

2）不迟到、不早退、不无故缺席，不擅自离开学习岗位，不擅自开动与自己无关的机床设备。

3）进入实训教室前必须穿好工作服、工作鞋，女同学要戴好工作帽，操作机床时严禁戴手套。

4）离开使用的机床时应先停车、关灯、切断电源，电气设备损坏后应由专职电工进行维修，其他人员不得擅自拆动。

5）爱护实训设备及工具、量具，保持实训教室地面、墙面清洁，工具、量具应摆放整齐。每天实训结束前，应做好个人的工具清理及工作台、地面清洁工作，并关好门窗，损坏或丢失公物须按价赔偿。

6）严禁刃磨管制刀具，一经发现应给予纪律处分。

7）实训过程中要遵守钳工实训安全操作规程，以及实训教室"6S"执行标准。

4．"6S"管理

（1）"6S"管理的定义

"6S"管理包括整理（SEIRI）、整顿（SEITON）、清扫（SEISO）、清洁（SEIKETSU）、素养（SHITSUKE）和安全（SECURITY）六个项目，因日语中均以"S"开头，故简称"6S"管理。"6S"管理起源于日本，其作用是通过规范现场、现物，营造一目了然的工作环境，培养员工良好的工作习惯，最终目的是提升人的品质，养成良好的工作习惯。

（2）实训教室"6S"执行标准

1）整理。

含义：将实训场地内的物品区分为"要"与"不要"两种，并且把"不要"的物品立刻清除掉。

规范：及时清理掉实训场地"不要"的物品，并把实训场地"要"的物品放在容易拿取的地方。

要求：非实训物品不准带入实训场地；每日进行检查记分。

2）整顿。

含义：对整理后留在实训场地内的必要物品分门别类地放置，要排列整齐，以提高工作效率。

规范：按"定品、定位、定量"原则放置物品，并做标识；执行定置管理，放置物品时不超出所规定范围。

要求：设备、工具、量具摆放整齐，一目了然；私人物品放入柜内，不能与实训物品混放。

3）清扫。

含义：将实训场地内看得见和看不见的地方清扫干净，使设备保持在最佳清洁状态。

规范：保持设备、仪器清洁，工作台面整洁；设备保养完好，无安全隐患。

要求：认真清扫责任区，保持设备干净整洁。

4）清洁。

含义：通过持续的"整理、整顿、清扫"，保持实训场地整齐和干净，成为一种制度和习惯。

规范：实训前5min、实训后5min做"6S"工作并养成习惯；实训场地和设备始终保持整齐和干净。

要求：形成规范制度，责任明确，及时检查总结。

5）素养。

含义：按规定行事，养成良好的工作习惯；培养职业意识，提升文明素质。

规范：养成按标准、按规定、按要求操作，做事认真的良好习惯；形成文明礼貌、团结协作的团队素质。

要求：遵守实训纪律，着装、仪容符合规定，爱护公物，使用文明用语。

6）安全。

含义：重视全员安全教育，每时每刻都有"安全第一"的观念，防患于未然。

规范：遵守相关规范，养成遵守纪律的良好习惯；一切把安全放在第一位。

要求：加强安全教育、安全技能培训，建立安全巡查制度。

四、任务小结

通过学习钳工基本技能实训的安全知识，了解有关安全文明知识及其重要性，提高安全意识，树立"安全第一"的观念；并在实训中遵守有关安全要求，杜绝事故发生；学习有关"6S"管理的知识，并在实训过程中实施和执行，目的是提高学生的素养，并为今后走上工作岗位适应企业要求打下基础。

学习活动2　钳工实训场地认识

一、学习目标

领会钳工基本操作技能内容；能识别钳工常用设备和工具、量具；能根据自己的身高选择工位。

二、学习要求

1）了解钳工基本操作技能内容，认识钳工实训场地、常用设备及工具、量具、刃具，做好学习思想准备。

2）熟悉台虎钳的结构，能选择合适的工位，并正确登记工位号。

三、工作任务

实训前应了解钳工基本操作技能内容，参观钳工实训场地，熟悉学习环境，认识钳工常用设备及工具、量具、刃具。

1. 钳工基本技能

随着我国机械工业的发展，钳工的工作范围不断扩大，专业分工更细，包括机修钳工、装配钳工、工具钳工等。不论是哪种钳工，都应该掌握钳工基本技能。钳工基本技能包括划线、錾削、锯削、锉削、钻孔、扩孔、铰孔、锪孔、攻螺纹和套螺纹、矫正和弯形、铆接、刮削、研磨以及基本测量技能和简单热处理工艺等。在掌握钳工基本技能的基础上，根据分工不同，进一步学习零件的钳工加工及产品和设备的装配、修理等技能。

2. 钳工常用设备

（1）钳工工作台　用来安装台虎钳、放置工具和工件。其高度为 800~900mm，装上台虎钳后，钳口高度以与操作者的手肘平齐为宜，长宽根据工作需要而定，如图 1-1 所示。

（2）台虎钳　它是钳工工作中用来夹持工件的夹具，有固定式和回转式两种类型。其规格以钳口宽度来表示，有 100mm、125mm、150mm、200mm 等，如图 1-2 所示。

台虎钳在钳工工作台上安装时，必须使固定钳身的工作面处于钳工工作台边缘以外，以保证夹持长条形工件时，工件的下端不受钳工工作台边缘的阻碍。

（3）砂轮机　用来刃磨钻头、錾子等刀具或其他工具，由电动机、砂轮和机体组成，如图 1-3 所示。

图 1-1　钳工工作台　　　　　图 1-2　台虎钳　　　　　图 1-3　砂轮机

（4）钻床　用来加工工件上的圆孔，有台式钻床、立式钻床和摇臂钻床等类型，如图 1-4 所示。

3. 钳工常用工具、量具、刃具

钳工常用工具、量具、刃具见表 1-1。

  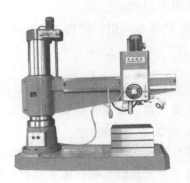

| a) 台式钻床 | b) 立式钻床 | c) 摇臂钻床 |

图 1-4　钻床

表 1-1　钳工常用工具、量具、刃具

名称	图示	名称	图示
锤子		锯弓	
标准平板		V 形铁	
铰杠		板牙架	
机用虎钳		磁性表座	
游标卡尺		千分尺	

（续）

名称	图示	名称	图示
游标高度卡尺	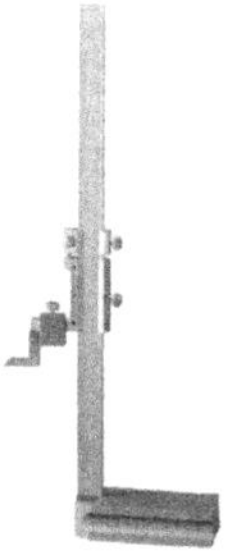	游标万能角度尺	
宽座直角尺		刀口形角尺	
半径样板		塞尺	
刀口形直尺		钢直尺	
百分表		杠杆百分表	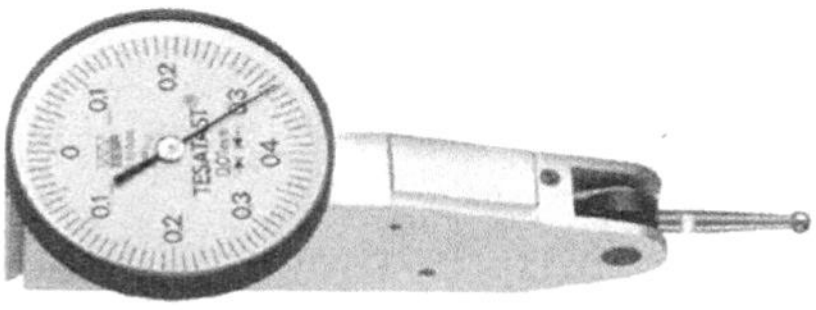
錾子	 双向心联 200×20	锉刀	
锯条		钻头	

（续）

名称	图示	名称	图示
铰刀	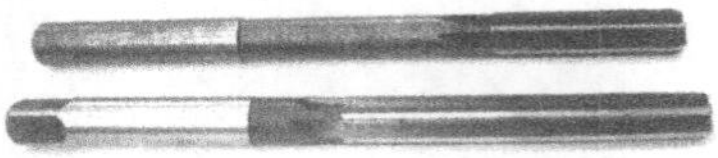	丝锥	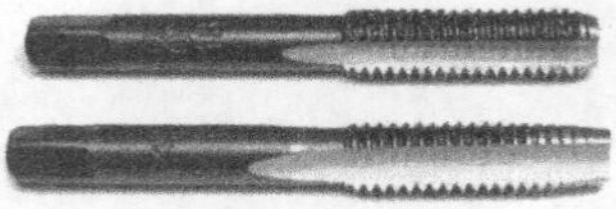
板牙		划规	
样冲		划针	
平面刮刀		三角刮刀	

4. 工作安排

先根据个人身高选好工位，并做好工位号登记，然后发放个人工具；对台虎钳进行一次拆装以熟悉其结构，并对台虎钳进行清洁去污、注油等保养工作。

四、任务小结

通过学习活动了解钳工基本操作技能内容，认识钳工常用设备、工具、量具、刃具；熟悉实训环境，做好实训前的准备。

任务 2

划线

学习活动 1 薄钢板工件的平面划线

一、学习目标

会使用划线工具，能够进行平面划线。

二、学习要求

1) 正确使用划线工具。

2) 掌握平面划线的方法。

3) 划线后线条清晰、无重线，圆弧连接处圆滑、尺寸准确，样冲眼分布合理、准确，划线精度为 0.2~0.5mm，样冲眼偏差不超过 0.3mm。

三、工作任务

完成图 2-1a 所示薄钢板工件的平面划线。

1. 工件图

平面划线工件图如图 2-1b、c、d、e 所示。任务准备表见表 2-1。

表 2-1 任务准备表

名称	薄钢板工件平面划线	材料	Q235	学时	
毛坯尺寸/mm	200×200×1	件数	1	转下一内容	—
工具、量具、刃具	钢直尺、划针、划规、样冲、锤子				

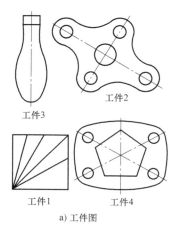

工件3
工件2
工件1
工件4

a) 工件图

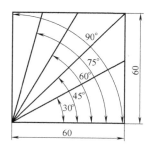

b) 工件1

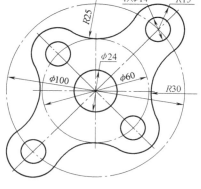

c) 工件2

图 2-1 平面划线工件图

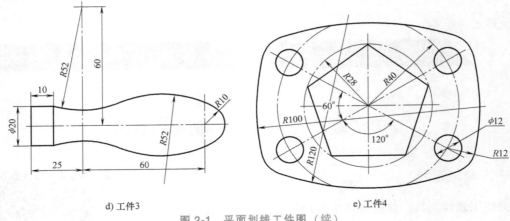

d) 工件3　　　　　　　　　　　　　　　　e) 工件4

图 2-1　平面划线工件图（续）

2. 任务分析

1）本任务需要在薄钢板的一面完成四个工件的划线工作，因此，首先要根据每个工件的实际尺寸确定各图的位置，然后分别进行各图划线。

2）在薄钢板上划线，由于划线工具中没有量角器，因此只能使用其他工具完成角度划线等工作。

3）划线过程中，有些圆弧线段的圆心会超出工件表面，此时可在圆心处拼接一块薄钢板，划圆弧线时，拼接板和工件不能移动，否则会影响划线精度。

3. 实训步骤

1）纸上绘图练习。用绘图工具在纸上（后面的空白处）按 1:1 的比例绘图，检查合格后，方可在薄钢板工件上划线。

2）准备划线工具，并对划线工件表面进行清理和涂色。

3）合理安排各图的位置，找出各图的设计基准，以设计基准为划线基准，从划线基准开始划线。

4）按图样尺寸，依次完成各图的划线（图中不标注尺寸，作图线可保留）。

5）检查各图无错误后，打样冲眼。

4. 操作示范

（1）钢直尺的使用（图 2-2）

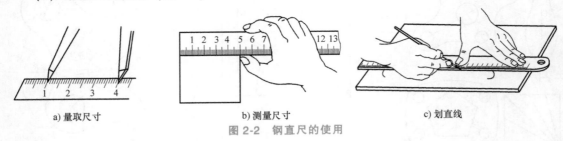

a) 量取尺寸　　　　　　　　b) 测量尺寸　　　　　　　　c) 划直线

图 2-2　钢直尺的使用

（2）划针的使用（图 2-3）　划线时，针尖要紧靠导向工具的边缘，上部向外侧倾斜 15°～20°（图 2-3a），向划线方向倾斜 45°～75°（图 2-3b）。划线要一次划成，使划出的线条清晰、准确。

（3）划规的使用（图2-4）　划规两脚的长度要磨得稍有不等，作为旋转中心的划规脚应加以较大的压力，以防止中心滑动；另一脚以较小的压力在工件表面划出圆或圆弧。

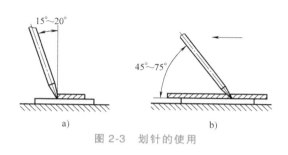

图2-3　划针的使用

图2-4　使用划规划圆的方法

（4）样冲的使用（图2-5）　打样冲眼方法：样冲外倾（图2-5a），使尖端对准线的正中，然后立直打样冲眼（图2-5b）；位置要准确，样冲眼不可偏离线条（图2-5c、d、e）。曲线样冲眼距离要小些，小于φ20mm的圆周线应有4个样冲眼，大于φ20mm的圆周线应有8个样冲眼；长直线上的样冲眼距离可大些，但短直线至少应有3个样冲眼；线条转折点处必须冲眼。

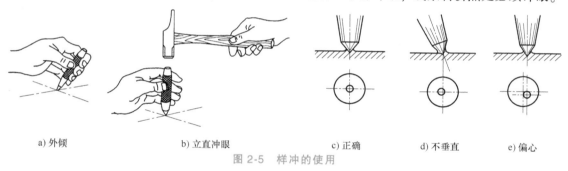

a) 外倾　　　　　　b) 立直冲眼　　　　　c) 正确　　　　d) 不垂直　　　e) 偏心

图2-5　样冲的使用

四、任务评价

完成练习后，根据给出的标准进行自评和教师评分，填写表2-2。

表2-2　评分记录表

序号	考核内容	配分	评分标准	自评得分	教师评分
1	涂色薄而均匀	4	总体评定		
2	图形及其排列位置正确	12	每错一图扣3分		
3	线条清晰、无重线	10	不清楚或重线一处扣1分		
4	划线精度为0.2~0.5mm	26	超差一处扣1分		
5	各圆弧连接圆滑	12	连接不好一处扣1分		
6	样冲眼位置准确,偏差不超过0.3mm	10	冲偏一处扣1分		
7	样冲眼分布合理	10	分布不合理一处扣1分		
8	样冲眼不穿透工件,工件背面未突起变形	10	穿透或背面突起一处扣1分		
9	正确使用工具	6	发现一次不正确扣1分		
10	安全文明生产		违者每次扣2分		
合计					

五、任务小结

1）在薄钢板上划线，划线前要按照省料的原则考虑各图排布，图形排列位置要合理。

2）正确使用划线工具，划线过程中量取尺寸要准确，避免出现误差，这是提高划线精度的有效办法。

3）打样冲眼时，不可用力过大，避免样冲眼穿透工件或工件背面突起变形。

4）划线后仔细检查，避免出现差错。

纸 上 绘 图

纸 上 绘 图

纸 上 绘 图

学习活动 2　圆形工件的等分划线

一、学习目标

会根据等分数计算分度头手柄转过的圈数，能利用分度头进行等分圆周划线。

二、学习要求

1）分度计算及工具的使用要正确。

2）掌握用分度头划线的方法。

3）划线后工件线条清晰、无重线，尺寸准确，样冲眼分布合理、准确，划线精度为 0.1~0.3mm。

三、工作任务

完成图 2-6a 所示圆形工件的等分划线。

1. 工件图

等分划线工件图如图 2-6b、c 所示。任务准备表见表 2-3。

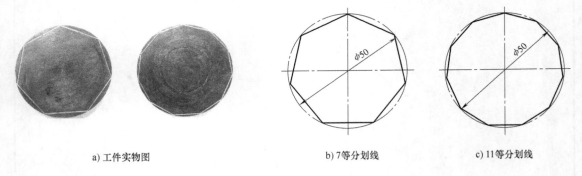

a) 工件实物图　　　　　　　b) 7等分划线　　　　　　　c) 11等分划线

图 2-6　等分划线工件图

表 2-3　任务准备表

名称	圆形工件的等分划线	材料	Q235	学时	
毛坯尺寸/mm	$\phi50\times10$	件数	1	转下一内容	—
工具、量具、刃具	游标高度卡尺、分度头、划线平板、锤子、样冲、钢直尺、划针				

2. 任务分析

1）本任务需要进行 7 等分和 11 等分划线，但圆形工件只有一个，因此，需要在圆形工件的正、反面各划一个图形。

2）将划线工件装夹在自定心卡盘上，用百分表找正工件的径向和轴向圆跳动，应均不大于 0.05mm，找正后夹紧（图 2-7）工件。

3）可采用两种方法划线：第一种是用游标高度卡尺以分度头主轴中心高度尺寸进行等

分划线；第二种是分别以正七边形和正十一边形内切圆半径尺寸，加上分度头主轴中心高度尺寸所得数值为划线尺寸，进行等分划线。

3. 实训步骤

1）利用公式 $n = 40/z$ 分别计算 7 等分和 11 等分划线时，每划完一次，分度头手柄应转过的圈数。

2）把分度头放在划线平板上，并把工件装夹在分度头上找正后夹紧。

3）划线方法一：用游标高度卡尺以分度头主轴中心高度尺寸进行等分划线，每划完一次，手柄按计算值旋转，依次进行 7 等分和 11 等分划线；然后取下圆形工件，用划

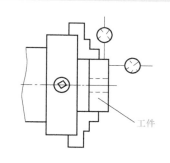

图 2-7　在自定心卡盘上找正工件

规划半径为 25mm 的圆周线，在圆形工件的圆周线上，与等分划线所得的交点每错开一点连一条线，按此连线即可划出所有等分线。

划线方法二：根据正多边形内切圆半径计算公式 $r = R\cos\alpha/2$，见本书学习任务十四学习拓展，分别计算正七边形和正十一边形内切圆半径尺寸，然后用该尺寸加上分度头主轴中心高度尺寸，所得数值即为游标高度卡尺划线尺寸；每划完一次，手柄按计算数值旋转，即可划出所有等分线。

4. 操作示范

（1）游标高度卡尺的使用（图 2-8）　游标高度卡尺既能用于划线又能用于测量，取好尺寸并用紧定螺钉紧固后，即可直接进行划线。

（2）划线平板的使用（图 2-9）　划线平板的工作表面是划线和检测的基准，因此，工作表面要处于水平状态，表面不能有划伤；应经常保持清洁，使用后要擦干净，并上油防锈。

（3）划线过程（图 2-10）　把分度头、游标高度卡尺放在划线平板上，将工件装夹在分度头上找正后夹紧，按照划线步骤进行。

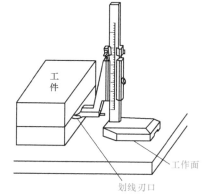

图 2-8　游标高度卡尺的使用

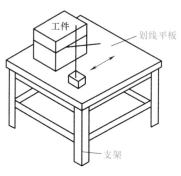

图 2-9　划线平板的使用

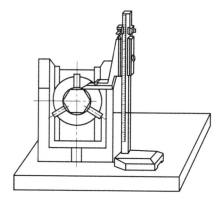

图 2-10　划线过程

四、任务评价

完成练习后，根据给出的标准进行自评和教师评分，填写表2-4。

表2-4　评分记录表

序号	考 核 内 容	配分	评 分 标 准	自评得分	教师评分
1	分度计算正确	15	不正确全扣		
2	线条清晰、无重线	15	不清楚或重线一处扣1分		
3	尺寸精度为0.1~0.3mm	25	超差一处扣2分		
4	样冲眼位置准确,偏差小于0.3mm	15	冲偏一处扣2分		
5	样冲眼分布合理	10	分布不合理一处扣2分		
6	操作及使用工具	20	发现一次不正确扣2分		
7	安全文明生产		违者每次扣2分		
合计					

五、任务小结

1）每次等分划线时，手柄旋转的圈数不能弄错。

2）用分度盘分度时，可利用分度头上的分度叉进行计数，避免每分度一次就要数一次孔数，以此提高分度速度及准确性。

3）划线时，避免由分度头齿轮啮合间隙造成的划线误差，以提高划线的准确性。

学习活动3　轴承座的立体划线

一、学习目标

会使用划线工具，能够进行立体划线。

二、学习要求

1）正确使用划线工具。

2）掌握简单的立体划线方法。

3）工件划线后线条清晰、无重线，圆弧连接处圆滑，尺寸准确，样冲眼分布合理、准确，尺寸精度为0.2~0.5mm。

三、工作任务

完成图2-11a所示轴承座工件的立体划线。

1. 工件图

立体划线工件图如图2-11b所示。任务准备表见表2-5。

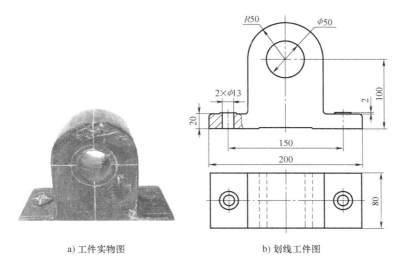

a) 工件实物图   b) 划线工件图

图 2-11 工件图

表 2-5 任务准备表

名称	轴承座的立体划线	材料	HT200	学时	
毛坯尺寸/mm	200×80×150	件数	1	转下一内容	—
工具、量具、刃具	千斤顶、划线盘（或游标高度卡尺）、划线平板、样冲、钢直尺、划针、90°角尺、锤子				

2. 任务分析

1）轴承座需要加工的部位有底面、轴承座内孔、两个螺钉孔及其上平面、两个大端面。需要划线的尺寸涉及三个方向，工件需要安装三次才能划完全部线条。

2）轴承座毛坯上已铸有 φ50mm 毛坯孔，需要先安装塞块，为划线做好准备，如图 2-12 所示。

3）划线基准选择轴承座内孔上两个相互垂直的中心平面 I-I 和 II-II，以及两个螺钉孔中心平面 III-III（图 2-12~图 2-14）。

4）划线过程中，当第二、第三划线基准位置转换时，在已划好的基准线与划线平板垂直后，才能进行划线（图 2-13 和图 2-14）。

5）可采用一人一件或两人一件的方式练习，也可以根据学校的实际情况自行选择实训工件。

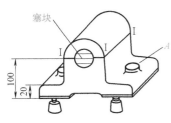

图 2-12 划线位置（一）

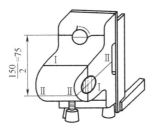

图 2-13 划线位置（二）

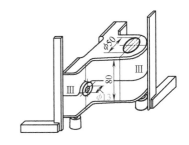

图 2-14 划线位置（三）

3. 实训步骤

1）准备划线工具，读图并分析工件形体结构、划线部位及加工要求。

2）清理工件，除去铸件上浇注时留下的冒口、表面粘砂和飞边。

3）给工件涂色，并在工件孔中装入中心塞块（木块）。

4）第一划线位置。以工件底面为安放基准，用三个千斤顶支承置于平板上，以工件内孔中心平面Ⅰ-Ⅰ为第一划线基准划底面加工线。划线前将 $R50\text{mm}$ 外轮廓作为找正中心的依据，如果内孔与外轮廓偏心过大，应适当地借料，如图 2-12 所示。

5）第二划线位置。将工件侧翻 90°，并用千斤顶支承，调整千斤顶使工件内孔两端中心处于同一位置，同时用 90°角尺按已划出的底面加工线进行找正，使其与平板平面垂直。以工件内孔中心线Ⅱ-Ⅱ为第二基准线，划出两螺钉孔中心线，如图 2-13 所示。

6）第三划线位置。将工件翻转到图 2-14 所示位置，用千斤顶支承，调整千斤顶并用 90°角尺找正，使已划出的工件底面线和Ⅱ-Ⅱ基准线分别与平板平面垂直。以两个螺钉孔的初定中心为依据，试划两大端面加工线。当两大端面加工余量相差较多时，可通过调整螺钉孔中心来借料。调整合适后，即可划出第三基准线Ⅲ-Ⅲ和两个大端面加工线。

7）划出各孔圆弧线后对照图样进行检查，确认无误、无疏漏后，在所划线条上打样冲眼。

4. 操作示范

（1）划线盘的使用（图 2-15） 划针伸出要短，并处于水平位置；手握底座划线，夹紧要牢固；划针与工件表面沿划线方向呈 40°～60°角；划长线时，应采用分段连接的方法。

（2）千斤顶的使用（图 2-16 和图 2-17b）

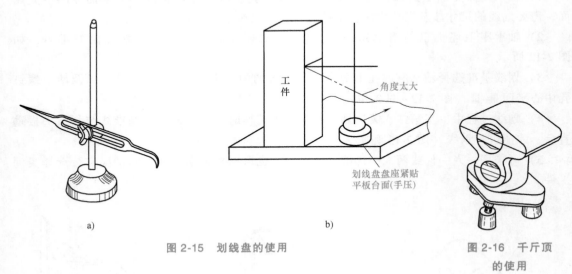

a)　　　　　　　　　　　　　　　　　　　b)

图 2-15　划线盘的使用

图 2-16　千斤顶的使用

（3）90°角尺的使用（图 2-17）

四、任务评价

完成练习后，根据给出的标准进行自评和教师评分，填写表 2-6。

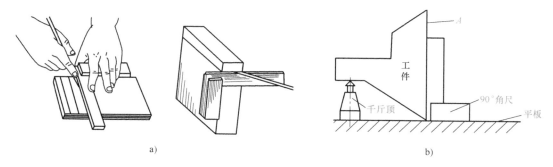

a)   b)

图 2-17 90°角尺的使用

表 2-6 评分记录表

序号	考核内容	配分	评分标准	自评得分	教师评分
1	涂色薄而均匀	4	总体评定		
2	线条清晰、无重线	16	不清楚或重线一处扣1分		
3	尺寸精度为0.2~0.5mm	40	超差一处扣1分		
4	样冲眼位置准确，偏差小于0.3mm	16	冲偏一处扣1分		
5	样冲眼分布合理	14	分布不合理一处扣1分		
6	正确使用划线工具	10	发现一次不正确扣1分		
7	安全文明生产		违者每次扣2分		
合计					

五、任务小结

1）调整千斤顶高度时，不可以用手直接调节，以防止工件掉下砸伤手。

2）用千斤顶做三点支承时一定要稳固，防止工件倾倒，可在支承处打样冲眼，使工件稳固地放在支承上。

3）大工件放在平板上用千斤顶调整时，工件下应放置垫木，以保证安全。

任务 3

錾削

学习活动 1　锤击练习

一、学习目标

錾削动作、姿势正确，錾削时锤击准确。

二、学习要求

1）掌握錾子和锤子的正确握法及挥锤方法。
2）掌握正确的錾削动作、姿势及锤击要领。
3）严格遵守錾削安全操作要求。

三、工作任务

1. 工件图（略）

任务准备表见表 3-1。

表 3-1　任务准备表

名称	锤击练习	材料	Q235	学时	
毛坯尺寸	—	件数	1	转下一内容	—
工具、量具、刃具	呆錾子、无刃口錾子、锤子、木垫、长方铁				

2. 任务分析

1）本任务主要练习錾子和锤子的握法、站立姿势、挥锤方法，以提高锤击的准确性。

2）首先用呆錾子进行锤击练习（图 3-1），然后模拟錾削姿势进行练习（图 3-2），采用正握法握錾、松握法挥锤，分别进行腕挥、肘挥、臂挥练习。

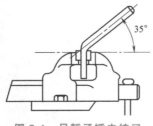

图 3-1　呆錾子锤击练习　　　　图 3-2　模拟錾削姿势练习

3. 实训步骤

1）将工件装夹在台虎钳上。

2）操作人员两脚按规定位置站立，左手握錾子，右手握锤子。

3）分别进行腕挥、肘挥、臂挥锤击练习。

4. 操作示范

（1）锤子的握法（图3-3） 锤子的握法有紧握法和松握法。紧握法（图3-3a）是右手五指紧握锤柄，大拇指在食指上，虎口对准锤头方向，柄尾端露出15～30mm。在挥锤和锤击过程中，五指始终紧握。松握法（图3-3b）是只用大拇指和食指始终握紧锤柄，在挥锤时，小指、无名指和中指则依次放松；在锤击时，又以相反的次序收拢握紧。

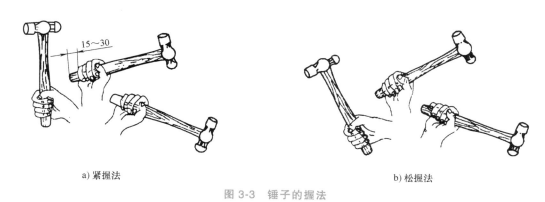

a) 紧握法   b) 松握法

图 3-3   锤子的握法

（2）錾子的握法（图3-4） 錾子的握法分正握法和反握法。正握法（图3-4a）是用中指和无名指握住錾子，小指自然合拢，食指和大拇指自然伸直接触，錾子头部伸出约20mm。反握法（图3-4b）是手心向上，手指自然捏住錾子，手掌悬空。

（3）挥锤的方法（图3-5） 挥锤的方法有腕挥、肘挥和臂挥。腕挥（图3-5a）是紧握法握锤，挥动手腕进行锤击运动，錾削力较小；肘挥（图3-5b）是松握法握锤，手腕与肘部一起挥动进行锤击运动，錾削力较大；臂挥（图3-5c）是紧握法握锤，手腕、肘部和全臂一起挥动进行锤击运动，其锤击力最大。

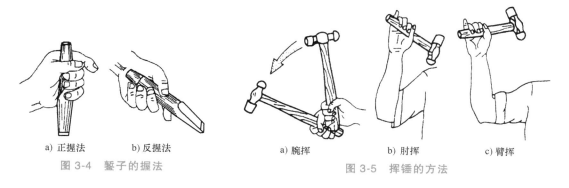

a) 正握法   b) 反握法   a) 腕挥   b) 肘挥   c) 臂挥

图 3-4   錾子的握法   图 3-5   挥锤的方法

（4）錾削站立姿势（图3-6） 操作时左脚超前半步，两腿自然站立，人体重心稍微偏向后脚，视线要落在工件的切削部位。

（5）錾削操作（图3-7） 挥锤时：肘收臂提，举锤过肩，手腕后弓，三指微松，锤面朝天，稍停瞬间。锤击时：目视錾刃，臂肘齐下，收紧三指，手腕加劲，锤錾一线，锤走弧形，敲下加速，增大动能，左脚用力，右脚伸直。要求稳：速度节奏在 40 次/min 左右；

准：命中率高；狠：锤击有力。

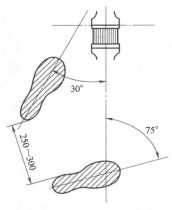

图 3-6　錾削站立姿势

图 3-7　錾削操作

四、任务评价

完成练习后，根据表 3-2 进行自评和教师评分。

表 3-2　评分记录表

序号	考核内容	配分	评分标准	自评得分	教师评分
1	錾子、锤子握法正确	10	不正确酌情扣分		
2	站立位置、身体姿势正确	10	不正确酌情扣分		
3	腕挥姿势正确	20	不正确酌情扣分		
4	肘挥姿势正确	20	不正确酌情扣分		
5	臂挥姿势正确	20	不正确酌情扣分		
6	命中率不低于 90%	20	命中率低于 70% 全扣		
7	安全文明生产		违者每次扣 2 分		
合计					

五、任务小结

锤击练习时要握紧锤子及錾子，避免脱手伤人，操作者的视线要对着工件的錾削部位，不可对着錾子的锤击头部。锤击的准确性主要是靠掌握和控制好手的运动轨迹及其位置来保证的，要经过反复练习才能掌握。本任务的重点是腕挥、肘挥、臂挥锤击练习，应达到锤击有力，稳、准、狠的目标。

学习活动 2　錾子的刃磨及热处理

一、学习目标

能进行扁錾、狭錾的刃磨及热处理。

二、学习要求

1）掌握錾子的刃磨与热处理方法。

2）錾子经热处理后，其刃口硬度应达到 53～57HRC，敲击部（尾部）硬度应达到 32～40HRC。

3）严格遵守砂轮机的使用及热处理有关安全操作要求。

三、工作任务

完成图 3-8a 所示錾子的刃磨及热处理。

1. 工件图

工件图如图 3-8 所示。任务准备表见表 3-3。

a) 錾子实物图

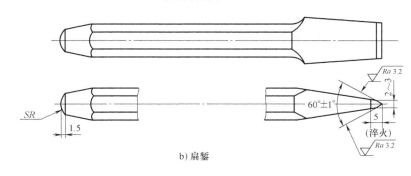

b) 扁錾

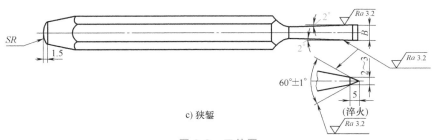

c) 狭錾

图 3-8 工件图

表 3-3 任务准备表

名称	錾子的刃磨及热处理	材料	T7A	学时	
毛坯尺寸/mm	φ20×150	件数	2	转下一内容	—
工具、量具、刃具	扁錾、狭錾、角度样板、水桶、钳子				

2. 任务分析

1）本任务是对锻造成形的扁錾及狭錾进行刃磨及热处理。

2）对錾子进行刃磨及热处理之前，应按图样尺寸及形状对其进行粗磨，热处理之后还应进行精磨。

3. 实训步骤

1）按图样的尺寸及形状粗磨錾子尾部及刃口部分。

2）錾子的淬火及回火处理。先进行錾子尾部热处理，后进行刃口部分热处理。

3）按尺寸要求精磨錾子刃口，狭錾刃口部分的宽度尺寸 B 按照工件錾削要求刃磨。

4. 操作示范

（1）热处理方法（图3-9） 淬火时，把錾子（材料 T7 或 T8）切削部分约 20mm 长的一端加热到 $750 \sim 780℃$（呈樱红色）后迅速取出，然后垂直地把錾子放入冷水中冷却（浸入深度 $5 \sim 6mm$），并沿水面缓缓移动。当錾子露出水面的部分变成黑色时，将其从水中取出，利用錾子本身的余热进行回火，迅速擦去氧化皮，此时錾子的颜色是白色；待其由白色变为黄色时，再将錾子全部浸入水中冷却的回火称为"黄火"；而待其由黄色变为蓝色时，再把錾子全部放入水中冷却的回火称为"蓝火"。"黄火"的硬度比"蓝火"高些，但韧性差，"蓝火"的硬度适中，故采用得较多。

（2）刃磨方法（图3-10） 如图3-10a所示，刃磨錾子的楔角时，双手握持錾子，切削刃在高于砂轮水平中心线的轮缘处进行刃磨，并在砂轮全宽方向左右移动，控制錾子的方向、位置，保证磨出的楔角值符合要求，并用角度样板检测錾子楔角（图3-10b）。刃磨时，加在錾子上的压力不宜过大，左右移动要平稳、均匀，并且刃口要经常蘸水冷却，以防退火。

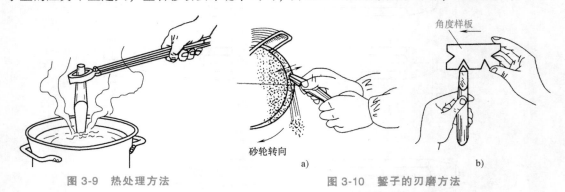

图3-9 热处理方法　　　　　图3-10 錾子的刃磨方法

四、任务评价

完成练习后，根据表3-4进行自评和教师评分。

表3-4 评分记录表

序号	考核内容	配分	评分标准	自评得分	教师评分
1	錾子外形（2处）	2×10	不正确酌情扣分		
2	楔角 $60° \pm 1°$（2处）	2×10	超差全扣		
3	刃口宽（16±0.2）mm（扁錾）、（8±0.1）mm（狭錾）（2处）	2×10	超差全扣		
4	刃口硬度 53~57HRC（2处）	2×20	不符合要求全扣		
5	安全文明生产		违者每次扣2分		
合计					

五、任务小结

1) 錾子刃磨时左右移动压力要均匀，防止刃口倾斜。
2) 錾子加热时要观察其颜色变化，防止因加热温度过高或不足而影响热处理质量。
3) 錾子刃磨及热处理过程中，必须遵守有关安全操作规程。

学习活动 3　钢件的錾削加工

一、学习目标

会根据工件材料硬度刃磨錾子楔角，能熟练进行正面起錾及斜角起錾，能进行平面錾削并控制尺寸精度。

二、学习要求

1) 掌握平面錾削及刃磨錾子的方法。
2) 掌握游标卡尺的使用方法。
3) 做到安全文明操作。

三、工作任务

完成图 3-11a 所示钢件的錾削加工。

1. 工件图

工件图如图 3-11 所示。任务准备表见表 3-5。

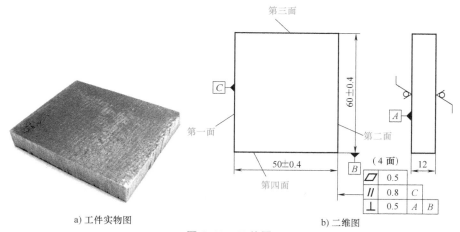

a) 工件实物图　　　　　　　　　　b) 二维图

图 3-11　工件图

表 3-5　任务准备表

名称	钢件的錾削加工		材料	Q235	学时	
毛坯尺寸/mm	62×52×12		件数	1	转下一内容	—
工具、量具、刃具	扁錾、狭錾、锤子、木垫块、软钳口、钢直尺、塞尺、90°角尺、游标卡尺、游标高度卡尺					

2. 任务分析

1）本任务是狭平面錾削，扁錾刃口的宽度应比工件略宽些，根据工件材料硬度，錾子楔角取 50°～60°。

2）錾削第一面时，可不划线，选择毛坯件四面中较平直的一面作为第一个加工面。

3）为了保证工件的平面度和垂直度，需要使用塞尺和 90°角尺进行检测；为了保证工件的平行度和尺寸精度，需要使用游标卡尺进行检测。

4）錾削面不允许修锉加工。

3. 实训步骤

1）以毛坯件加工面中较平直的面作为第一个錾削面，保证錾削面的平面度即可。

2）以第一面为基准，用游标高度卡尺划出第二面的 50mm 尺寸线，然后錾削第二面，保证尺寸（50±0.4）mm 和錾削面的平面度。

3）以第一面为基准，用 90°角尺划出第三面的加工线，要求其垂直于第一、第二面，然后按线錾削第三面，保证錾削面的平面度和垂直度要求。

4）以第三面为基准，用游标高度卡尺划出第四面的 60mm 尺寸线，然后錾削第四面，保证尺寸（60±0.4）mm 和錾削面的平面度、垂直度。

4. 操作示范

（1）起錾方法

1）斜角起錾（图 3-12）。即先在工件的边缘尖角处錾出一个斜面，然后按正常的錾削角逐步向中间錾削。

2）正面起錾（图 3-13）。錾削时，全部刃口贴住工件錾削部位端面，先錾出一个斜面，然后以正常角度錾削。

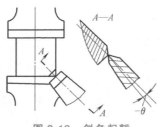

图 3-12　斜角起錾

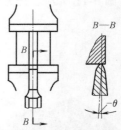

图 3-13　正面起錾

（2）窄平面的錾削（图 3-14）　工件起錾后，錾削窄平面，每錾削两三次后，錾子退出一次，观察錾削平面情况并调整錾子的后角（$\alpha_o = 5°～8°$），如图 3-15a 所示。后角过大，錾子易扎入工件；后角过小，錾子在錾削时易滑出工件表面，如图 3-15b 所示。当錾削接近工件尽头 10～15mm 时，必须将工件调头再錾去余下的部分，錾削脆性材料时更应如此，否则

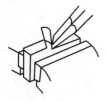

图 3-14　窄平面的錾削

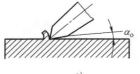

a)

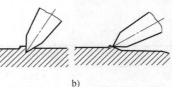

b)

图 3-15　錾子后角

工件尽头会崩裂，如图 3-16 所示。

（3）平面度的检测

1）采用钢直尺透光法检测平面度。将钢直尺垂直地放在工件表面上，每检测一个部位后，提起来并轻轻放在另一个待检测部位，沿纵向、横向、对角方向观察其透光的均匀度，如图 3-17 所示。

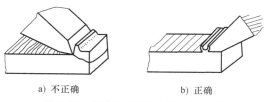

a) 不正确　　　　　　　b) 正确

图 3-16　錾削工件尽头的正误示意

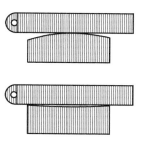

a) 用透光法检测平面度

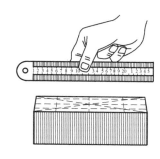

b) 平面上的检测部位

图 3-17　采用钢直尺检测平面度

2）采用塞尺检测平面度。将工件放在平板上，用塞尺检查其周边、角边间隙，如图 3-18 所示。

（4）垂直度的检测　用直角尺透光法检测垂直度，如图 3-19 所示。

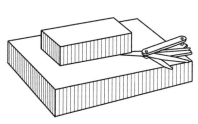

图 3-18　采用塞尺检测平面度

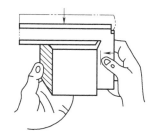

图 3-19　采用直角尺检测垂直度

（5）平行度和尺寸精度的检测　工件的平行度和尺寸精度使用游标卡尺来检测。测量前，校对游标卡尺的零位，擦净量爪两测量面。测量时，左手拿工件，右手握尺身，固定量爪紧贴工件，轻轻移动尺框，使活动量爪的测量面也紧靠工件（图 3-20），不允许处于图 3-21 所示的歪斜位置。读数时，应水平拿尺身，在光线明亮的地方操作，视线应垂直于

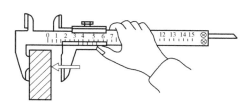

a) 移动尺框

b) 轻轻接触工件表面

图 3-20　游标卡尺的使用方法

标尺表面，以避免由斜视造成的读数误差。

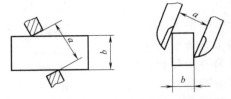

图 3-21　游标卡尺测量面与工件的错误接触

四、任务评价

完成练习后，根据表 3-6 进行自评和教师评分。

表 3-6　评分记录表

序号	考核内容	配分	评分标准	自评得分	教师评分
1	(50±0.4) mm	25	超差扣完		
2	(60±0.4) mm	25	超差扣完		
3	▱ 0.5 (4 处)	4×5	超差扣完		
4	⊥ 0.5 A B (4 处)	4×5	超差扣完		
5	∥ 0.8 C (2 处)	2×5	超差扣完		
6	安全文明生产		违者每次扣 2 分		
合计					

五、任务小结

1. 錾削平面时的质量问题及其产生原因

（1）表面凹凸不平、表面粗糙度值大

1）錾子刃口爆裂、卷刃或不锋利。

2）锤击力不均匀。

3）錾子后角大小经常改变。

4）左手未将錾子放正和握稳而使錾子刃口倾斜，錾削时錾刃受到阻力大。

5）刃磨錾子时，将刃口磨成中凹。

6）工件夹持不恰当，以致受錾削力作用后夹持表面损坏。

（2）崩裂或塌角

1）錾到工件尽头时，未调头錾削，使棱角崩裂。

2）起錾量太大，造成垮角。

（3）尺寸超差

1）起錾时尺寸不准确。

2）錾削过程中检测不及时。

2. 注意事项

1）工件必须夹紧，以伸出钳口高度 10~15mm 为宜，而且下面要加木垫。

2）錾削时要防止切屑飞出伤人，操作者须戴上防护眼镜。

3）錾削时要握紧錾子，防止錾子脱手伤人。

4）錾子用钝后要及时刃磨，并保持正确的楔角，以防錾子从錾削部位滑出。

5）錾屑要用刷子刷掉，不得用手擦或用嘴吹。

6）锤子木柄有松动或损坏时要及时更换，以防锤头飞出；錾子头部、锤子头部和柄部均不应沾油，以防操作时打滑；錾子和锤子头部如果有明显毛刺，要及时磨去。

学习活动4　钢件板料的錾切

一、学习目标

能在台虎钳或铁砧上进行板料錾切，并达到工件尺寸精度要求。

二、学习要求

1）掌握薄板料装夹在台虎钳上和尺寸较大的板料放在铁砧上的錾切方法。

2）做到安全文明操作。

三、工作任务

完成图3-22a所示钢件的錾切加工。

1. 工件图

工件图如图3-22b所示。任务准备表见表3-7。

a) 实物图

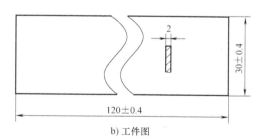

b) 工件图

图3-22　实物图和工件图

表3-7　任务准备表

名称	钢件板料的錾切		材料	Q235	学时	
毛坯尺寸/mm	130×40×2		件数	3	转下一内容	任务九的学习活动2
工具、量具、刃具	扁錾、锤子、铁砧、软钳口、游标卡尺					

2. 任务分析

1）本任务是钢件板料的錾切，可在台虎钳或铁砧上进行，不许用锯削的方法，而且不许用锉刀修整錾切面。

2）在铁砧上进行錾切时，錾痕要平直、整齐，尺寸要符合技术要求。

3）本任务应在任务九的学习活动2前进行。

3. 实训步骤

1）按工件图（图 3-22b）尺寸划线。

2）将钢件板料装夹在台虎钳上或放在铁砧上后，按要求进行錾切，保证工件尺寸精度。

4. 操作示范

（1）薄板料（厚度在 2mm 左右）的錾切 将需要錾切的板料装夹在台虎钳上，划线处与钳口上表面平齐，錾子沿着钳口并斜对着板料（约成 45°角）自右向左錾切，如图 3-23 所示。錾子刃口不可正对板料錾切，否则易造成切断处不平整或出现裂纹，如图 3-24 所示。在铁砧上錾切时，应由前向后进行，开始时錾子应放斜似剪刀状，再放垂直后锤击，并依次錾切，如图 3-25 所示。

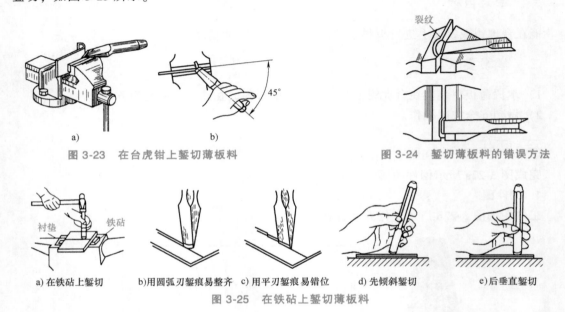

a)   b)

图 3-23 在台虎钳上錾切薄板料   图 3-24 錾切薄板料的错误方法

a) 在铁砧上錾切   b)用圆弧刃錾痕易整齐   c) 用平刃錾痕 易错位   d) 先倾斜錾切   e)后垂直錾切

图 3-25   在铁砧上錾切薄板料

（2）大尺寸板料的錾切 当板料较厚或较大不能装夹在台虎钳上錾切时，可将其置于铁砧或平板上进行錾切。錾切前，先按轮廓线钻出密集的排孔，然后再用扁錾、狭錾逐步錾切，如图 3-26 所示。

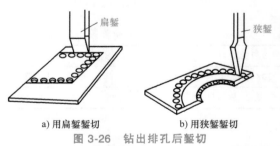

a)用扁錾錾切   b)用狭錾錾切

图 3-26   钻出排孔后錾切

四、任务评价

完成练习后，根据表 3-8 进行自评和教师评分。

表 3-8　评分记录表

序号	考核内容	配分	评分标准	自评得分	教师评分
1	（30±0.4）mm（3 处）	50	不正确酌情扣分		
2	（120±0.4）mm（3 处）	50	不正确酌情扣分		
3	安全文明生产		违者每次扣 2 分		
合计					

五、任务小结

1）在台虎钳上錾切薄板料时，錾切线要与台虎钳钳口处于同一平面，并且要夹持牢固。

2）在台虎钳上錾切时，錾子的后刀面部分要与钳口平面贴平，刃口应略向上翘，以防损坏钳口表面。

3）在铁砧上錾切时，錾子刃口必须先对齐切线并成一定斜度，要防止因后一錾与前一錾错开，而使錾切下来的边弯弯曲曲。同时，錾子要錾到铁砧上，不用垫铁时，应该用錾子在板料上錾出全部錾痕后再敲断或扳断板料。

任务 4

锉削（一）

学习活动 1　锉削动作、姿势练习

一、学习目标

学习掌握正确的锉削动作和姿势，能按照正确方法锉削。

二、学习要求

1）掌握正确的锉刀握法、锉削时的站立姿势、锉削动作要领。

2）做到安全文明操作。

三、工作任务

进行锉削动作、姿势练习。

1. 工件图（略）

任务准备表见表 4-1。

表 4-1　任务准备表

名称	锉削动作、姿势练习	材料	Q235	学时	
毛坯尺寸	—	件数	1	转下一内容	—
工具、量具、刃具		扁锉、刀口形直尺、90°角尺、游标高度卡尺、游标卡尺			

2. 任务分析

1）本学习活动没有设定工件外形尺寸，因此可采用废料练习。

2）本学习活动主要练习锉削时的站立姿势、锉刀的握法，保证锉削时两手和身体的协调性，以使锉刀做水平直线运动。

3）锉削是钳工的一项重要基本技能，学会正确的锉削动作、姿势是掌握锉削技能的基础。若锉削动作、姿势不正确，必须及时纠正。

3. 实训步骤

1）将工件装夹在台虎钳上。

2）按锉削规范动作姿势站立，右手握锉刀柄，左手握锉刀前端，把锉刀放在工件表面上。

3）两手用力和身体动作要协调一致，保持锉刀水平移动，进行锉削练习。

4. 操作示范

（1）锉刀柄的装拆方法（图 4-1）　锉刀柄的安装如图 4-1a 所示，先将锉刀舌放入木柄孔中，再用左手轻握木柄，右手将锉刀扶正，逐步镦紧，或用锤子轻轻击打直到锉刀舌插入木柄长度约 3/4 为止。拆卸锉刀柄的方法如图 4-1b 所示，在平板上或台虎钳钳口轻轻将木柄敲松后取下。

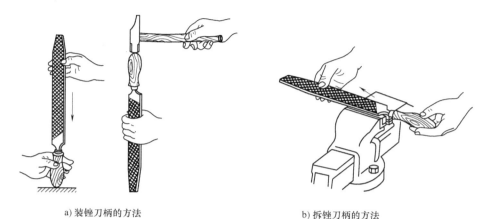

a) 装锉刀柄的方法　　　　　　　　b) 拆锉刀柄的方法

图 4-1　锉刀柄的装拆方法

（2）工件的装夹　将工件装夹在台虎钳上，工件锉削面应与钳口平面平行，且高出钳口平面 15～20mm。

（3）锉刀握法

1）右手握法。锉刀柄端顶住掌心，大拇指放在锉刀柄上部，其余四指满握手柄，如图 4-2 所示。

图 4-2　右手握法

2）两手握法。对于宽度大于 250mm 的锉刀（大型锉刀），将左手大拇指根部压在锉刀头上，中指和无名指捏住锉刀前端，食指、小指自然收拢，协同右手使锉刀保持平衡，如图 4-3 所示；对于中型锉刀，用左手的大拇指和食指捏着锉刀前端，引导锉刀水平移动，如图 4-4 所示；对于小型锉刀，将左手食指、中指、无名指端部压在锉刀表面上施加锉削压力，如图 4-5 所示。

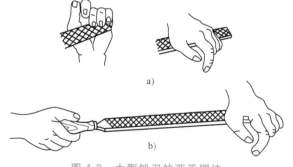

图 4-3　大型锉刀的两手握法

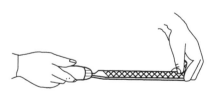

图 4-4　中型锉刀的两手握法

（4）锉削动作姿势　两脚站立步位和姿势与錾削相似（图 4-6），左膝呈弯曲状态，身体重心落在左脚上，右膝伸直。锉削动作开始时，身体前倾 10°左右，右肘尽量向后收缩（图 4-7a）；锉刀长度推进 1/3 行程时，身体前倾 15°左右，左膝稍有弯曲（图 4-7b）；锉至 2/3 行程时，身体前倾至 18°左右（图 4-7c）；锉削最后 1/3 行程时，右肘继续推进锉刀，但身体须自然地退回至 15°左右（图 4-7d）。左腿自然伸直，身体重心后移，使身体恢复原位，锉刀收回，准备第二次锉削。

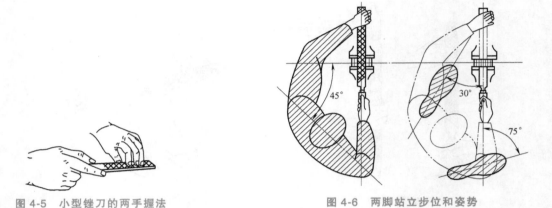

图 4-5　小型锉刀的两手握法　　　　　　　　　图 4-6　两脚站立步位和姿势

　　锉削时，锉刀要保持直线的锉削运动，这样才能锉出平直的平面。为此，锉削时，右手的压力要随锉刀推动而逐渐增大，左手的压力则要随锉刀推动而逐渐减小，回程时不加压力，以减少锉齿的磨损，如图 4-8 所示。锉削速度一般为 40 次/min 左右，推锉时稍慢，回程时稍快，动作要自然协调。

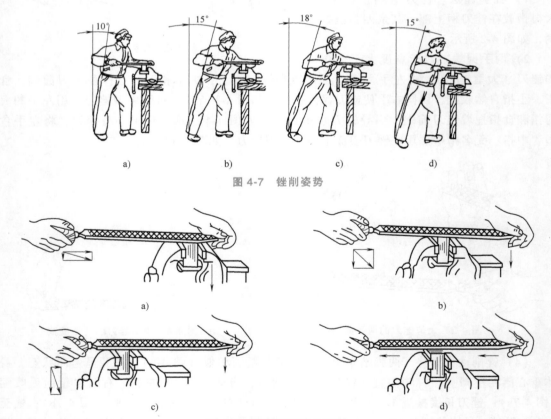

图 4-7　锉削姿势

图 4-8　锉削时的用力示意

四、任务评价

完成练习后，根据表4-2进行自评和教师评分。

表 4-2　评分记录表

序号	考核内容	配分	评 分 标 准	自评得分	教师评分
1	两脚站立位置、姿势正确	20	不正确酌情扣分		
2	锉刀握持正确	20	不正确酌情扣分		
3	两手动作、姿势正确	20	不正确酌情扣分		
4	两手和身体协调性好	20	不正确酌情扣分		
5	锉刀做直线运动	20	不正确酌情扣分		
6	安全文明生产		违者每次扣2分		
合计					

五、任务小结

1）锉刀柄要装牢，不准使用柄部有裂纹的锉刀和无刀柄的锉刀。

2）不准用嘴吹切屑，也不准用手清理切屑。

3）锉刀放置时不得超出钳工工作台边缘。

4）装夹工件已加工面时，应使用保护垫片，较大的工件要加木垫。

学习活动 2　钢件平面的锉削

一、学习目标

掌握锉削平面及平面度误差测量方法，锉削的平面能达到平面度要求。

二、学习要求

1）掌握顺向锉、交叉锉、推锉和铲锉等锉削方法。锉削平面的平面度、直线度公差为0.02mm，其与两侧大平面的垂直度公差为0.01mm。

2）掌握用刀口形直尺、显点法及百分表测量平面度误差的方法。

3）采用透光法检查工件的锉削平面，应透光均匀；用显点法检查时，显点均匀、接触点占整个平面的80%以上者为合格。

三、工作任务

完成钢件平面的锉削。

1. 工件图（略）

任务准备表见表4-3。

表 4-3 任务准备表

名称	钢件平面的锉削	材料	Q235(或 45)	学时	
毛坯尺寸	—	件数	1	转下一内容	—
工具、量具、刃具	锉刀、刀口形直尺、90°角尺、游标高度卡尺、标准平板、V 形架				

2. 任务分析

1）本学习活动不设定工件外形尺寸，可自定尺寸，也可采用长 50mm 左右、宽 30～50mm、厚 10～16mm 的工件。

2）本学习活动主要学习先采用顺向锉、交叉锉、推锉或铲锉法粗锉，再用显点法修锉的平面锉削方法以及平面度误差的测量方法。因此，不要求控制尺寸公差，工件四个锉削平面之间也无垂直度要求。

3）根据实际情况，可练习两件共八个面，然后记录合格面数。

3. 实训步骤

（1）粗锉 选用锉身长度在 250mm 以上的粗齿纹锉刀，锉刀移动方向垂直于工件两侧大平面，锉削整个平面，去除平面较大的不平及不直痕迹后即转入细锉加工。

（2）细锉 选用锉身长度为 200～250mm 的中齿纹锉刀，锉刀移动方向与粗锉时相同。粗锉和细锉过程中，要用刀口形直尺以透光法经常检查加工平面长度方向和对角线方向的直线度误差，并用 90°角尺以透光法检查加工平面与两侧大平面的垂直度误差，然后根据误差情况进行修锉。如果透光均匀、误差不大，即可转入精锉加工。

（3）精锉 选用锉身长度为 100～150mm 的细齿纹锉刀，如果加工平面的表面粗糙度值要求较小，则最后还要用油光锉抛光。精锉时采用顺向锉、推锉和铲锉法，锉刀移动方向与加工平面的长度方向一致。精锉后，加工平面的表面粗糙度值降低，平面度误差减小。采用显点法检查，根据显点情况，修整黑点即可，如果黑点分布均匀，占整个加工平面面积的80% 以上，则可结束锉削加工。

4. 操作示范

（1）锉削方法

1）顺向锉。顺向锉（图 4-9）是使用最普遍的锉削方法，锉刀运动方向与工件夹持方向始终保持一致，面积不大的平面和最后锉光大都采用这种方法。采用顺向锉可得到整齐一致的锉痕，比较美观，常用于粗锉和精锉。

2）交叉锉。交叉锉（图 4-10）是从两个交叉的方向对工件表面进行锉削的方法。锉刀

图 4-9 顺向锉

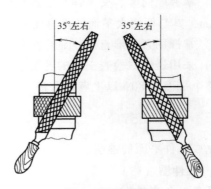

图 4-10 交叉锉

与工件的接触面积大，锉刀容易握持平稳。交叉锉一般用于粗锉。

3）推锉。推锉（图4-11）是两手对称横握锉刀，用大拇指推动锉刀顺着工件长度方向进行锉削的方法。其锉削效率低，适合在加工余量较小和修正尺寸时采用。

4）铲锉。如图4-12所示，右手握锉刀，左手食指、中指、无名指端部压在锉刀表面上施加锉削压力，锉刀后部提起，与工件表面成3°~5°角，利用锉刀前端的几个锉齿进行锉削加工。铲锉适合在加工余量较小和修正尺寸时采用。

图4-11 推锉

图4-12 铲锉

（2）平面度误差的测量方法

1）刀口形直尺测量法。如图4-13所示，将刀口形直尺置于工件加工表面上，分别在长度、宽度及对角线方向上逐一测量多处，用透光法判断每次测量的直线度误差，误差的最大值即是加工表面的平面度误差最大值。

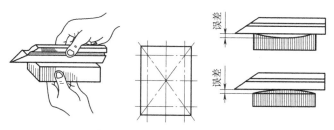

图4-13 刀口形直尺测量法

2）显点法。如图4-14所示，在工件加工表面上均匀地涂上显示剂（红丹粉），将工件放在标准平板上，并靠在V形架、方箱或其他垂直度公差较小的靠铁上，推研工件或者将工件和靠铁一起推研，根据加工表面上得到的显点（黑点）数量，来判断平面度误差大小。加工表面上的黑点数量越多且分布均匀，表明其平面度误差越小，精度越高；反之，则精度越低。

3）百分表测量法。如图4-15所示，将工件放在标准平板上，在工件加工表面上放置百分表（或杠杆表、千分表），移动表座或工件进行测量，尽量使百分表在整个加工表面上进行测量，百分表读数最大值与最小值之差即为加工表面的平面度误差。

使用百分表测量平面度误差时，测量前，应先找正加工表面与标准平板的平行度，以消除由平行度误差造成的测量误差。采用该法进行测量的前提是，加工表面与另一基准平面平行。

（3）清除锉齿内切屑的方法 锉削钢件时，切屑容易嵌入锉刀齿纹内而拉伤加工表面，使表面粗糙度值增大，因此，必须经常用薄铁片或铜丝刷消除切屑，如图4-16所示。

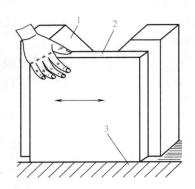

图 4-14　显点法

1—V 形架　2—工件　3—标准平板

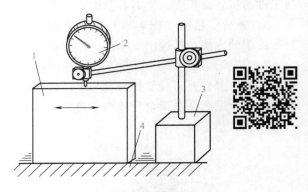

图 4-15　百分表测量法

1—工件　2—百分表　3—磁性表座　4—标准平板

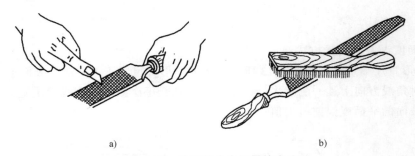

图 4-16　清除锉齿内切屑的方法

四、任务评价

完成练习后，根据表 4-4 进行合格面数自评和教师评分。

表 4-4　评分记录表

考 核 内 容	评 定 方 法	自评合格面数	教师评合格面数
各加工表面的平面度（0.02mm）、直线度（0.02mm）、与两大侧面的垂直度（0.01mm）	用透光法检查：透光均匀；用显点法检查：显点占加工表面面积的80%以上		
合计			

五、任务小结

1）锉削练习时，要保持锉削动作、姿势正确，随时纠正不正确的动作、姿势。

2）为保证加工表面光洁，锉削钢件时，必须经常用铜丝刷清除嵌入锉刀齿纹内的切屑，并在齿面上涂上粉笔灰。

3）采用显点法修锉，推研显点前加工表面要倒角、去毛刺。

4）在粗锉、细锉及精锉过程中，要正确选择锉刀的大小、锉齿的粗细规格，应在练习中体会并掌握。

学习活动 3　钢件的粗锉加工

一、学习目标

能按照粗锉要求锉削平面，达到工件尺寸公差要求。

二、学习要求

1）掌握粗锉平面的方法，达到工件尺寸公差要求。

2）采用宽度在 250mm 以上的粗锉刀锉削，锉刀移动方向必须垂直于工件的两个大侧面，或采用交叉锉。

3）尺寸每减小 0.3mm 练习一次，每次练习结束后，在实训记录表中记录练习项目、锉削时间、实测结果（最大值/最小值）、是否合格等内容。

三、工作任务

完成图 4-17a 所示钢件的粗锉加工。

1. 工件图

工件图如图 4-17b 所示。任务准备表见表 4-5。

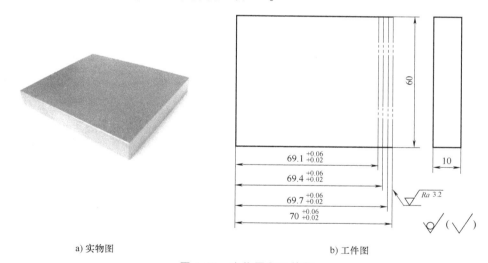

a) 实物图　　　　　　　　　　　　　b) 工件图

图 4-17　实物图和工件图

表 4-5　任务准备表

名称	钢件的粗锉加工	材料	Q235（或 45）	学时	
毛坯尺寸/mm	71×61×10	件数	1	转下一内容	—
工具、量具、刃具	锉刀、刀口形直尺、90°角尺、游标高度卡尺、游标卡尺、千分尺、标准平板、V 形架				

2. 任务分析

1）由于锉削是钳工需要掌握的一项重要技能，因此，把锉削练习分解成粗锉和精锉练习，本学习活动主要是反复练习粗锉平面，并达到工件尺寸精度要求。

2）为了保证每次粗锉加工的尺寸精度，需要使用千分尺进行测量。

3）工件的长度不影响练习效果，可以根据量具的测量范围，各自选取不同的基本尺寸，以避免练习过程中出现争用量具的情况。

4）随着粗锉技能提高，应逐步增加练习次数。

3. 实训步骤

1）按锉削平面的方法加工工件的一个表面，将其作为基准面。

2）粗锉练习：锉削基准面的对面。第一次锉削时，以基准面为基准划加工界线，然后用宽度在250mm以上的粗锉刀进行锉削，保证尺寸精度（上、下极限偏差分别为+0.06mm、+0.02mm），锉削结束后记录练习结果；第二次锉削时，减小0.3mm练习一次，可不用划线；后面的练习与此类同。

4. 操作示范

千分尺的使用方法如下：

1）选择与零件尺寸相适应的千分尺。

2）测量前，应先擦净砧座和测微螺杆端面，校正千分尺零位的正确性（图4-18），对于测量范围为25～50mm、50～75mm、75～100mm的千分尺，可以用标准样柱校正零位（图4-19）。

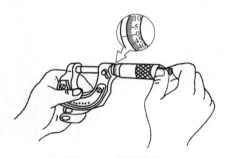

图 4-18　校对零位

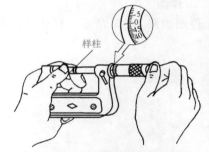

图 4-19　用标准样柱校正零位

3）测量时，把工件放在钳口上，将千分尺及工件的测量表面擦干净，左手握尺架，右手转动微分筒，使测杆端面和被测工件表面接近（图4-20a）；右手转动棘轮，使测微螺杆端面和工件被测表面接触，直到棘轮发出响声为止，读出此时的数值（图4-20b）。为了保证测量的准确性，千分尺的测砧及测微螺杆与工件的接触表面至少应伸出工件表面1/3，并多测几个部位（图4-20c）。

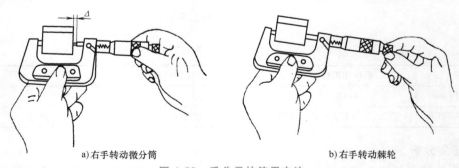

a)右手转动微分筒　　　　　　　　　　　b)右手转动棘轮

图 4-20　千分尺的使用方法

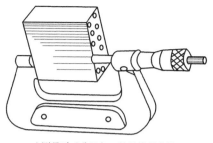

c)测量时千分尺与工件的接触位置

图 4-20 千分尺的使用方法（续）

四、任务评价

每次完成练习后，根据实际情况填写表 4-6。

表 4-6 实训记录表

序号	练习项目	锉削时间	实测结果（最大值/最小值）	是否合格	序号	练习项目	锉削时间	实测结果（最大值/最小值）	是否合格

（续）

序号	练习项目	锉削时间	实测结果（最大值/最小值）	是否合格	序号	练习项目	锉削时间	实测结果（最大值/最小值）	是否合格

（续）

序号	练习项目	锉削时间	实测结果（最大值/最小值）	是否合格	序号	练习项目	锉削时间	实测结果（最大值/最小值）	是否合格

五、任务小结

1）测量前，应先将工件的锐边倒钝并去毛刺，以保证测量的准确性。

2）锉削时要多测量并做好标记，根据标记进行修锉，避免尺寸过小。

学习活动 4　钢件的精锉加工

一、学习目标

能按照精锉要求锉削平面，达到工件尺寸公差要求。

二、学习要求

1）掌握精锉平面的方法，并达到工件尺寸公差要求。

2）采用宽度在 250mm 以下的中齿、细齿锉刀进行锉削，锉刀移动方向不限，可采用顺向锉、交叉锉或推锉法。

3）尺寸每减小 0.1mm 练习一次，每次练习结束后，在实训记录表中记录练习项目、锉削时间、实测结果（最大值/最小值）、是否合格等内容。

三、工作任务

完成图 4-21a 所示钢件的精锉加工。

1. 工件图

工件图如图 4-21b 所示。任务准备表见表 4-7。

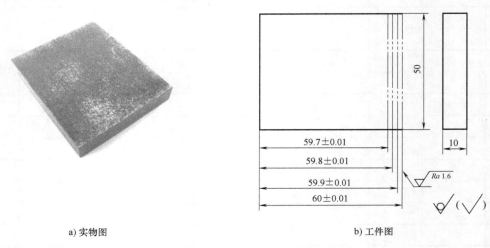

a) 实物图   b) 工件图

图 4-21 实物图和工件图

表 4-7 任务准备表

名称	钢件的精锉加工	材料	Q235（或 45）	学时	
毛坯尺寸/mm	61×51×10	件数	1	转下一内容	—
工具、量具、刃具	锉刀、刀口形直尺、90°角尺、游标高度卡尺、游标卡尺、千分尺、标准平板、V 形架				

2. 任务分析

1）前面练习了粗锉平面的方法，本学习活动主要是反复练习精锉平面，并达到工件尺寸精度要求。

2）工件的长度不影响练习效果，可以根据量具的测量范围，各自选取不同的基本尺寸，以避免练习过程中出现争用量具的情况。

3）随着钳工技能水平的提高，逐步增加练习次数。

3. 实训步骤

1）按锉削平面的方法加工工件的一个表面，将其作为基准面。

2）精锉练习：锉削基准面的对面。第一次锉削时，以基准面为基准划加工界线，然后用宽 250mm 以下的中齿、细齿锉刀进行锉削，保证尺寸精度（上、下极限偏差为 ±0.01mm），锉削结束后记录练习结果；第二次锉削时，减小 0.1mm 练习一次，可不用划线；后面的练习与此类同。

四、任务评价

每次完成练习后，根据实际情况填写表 4-8。

表 4-8　实训记录表

序号	练习项目	锉削时间	实测结果(最大值/最小值)	是否合格	序号	练习项目	锉削时间	实测结果(最大值/最小值)	是否合格

（续）

序号	练习项目	锉削时间	实测结果（最大值/最小值）	是否合格	序号	练习项目	锉削时间	实测结果（最大值/最小值）	是否合格

（续）

序号	练习项目	锉削时间	实测结果（最大值/最小值）	是否合格	序号	练习项目	锉削时间	实测结果（最大值/最小值）	是否合格

五、任务小结

1）在接近加工要求时，要全面考虑，逐步精锉，不要急于求成，避免造成平面塌角或中凸不平的现象。

2）使用工具、量具时要轻拿轻放；用完后要擦拭干净，并放回指定位置，做到安全文明操作。

任务 5

锯削

学习活动 1　锯削动作、姿势练习

一、学习目标

学会正确的锯削动作、姿势，能正确安装锯条并进行锯削。

二、学习要求

1）掌握正确的锯条安装方法、锯削站立姿势、锯削动作及保证两手用力协调性的要领。

2）掌握正确的近起锯和远起锯方法。

3）做到安全文明操作。

三、工作任务

进行锯削动作、姿势练习。

1. 工件图（略）

任务准备表见表 5-1。

表 5-1　任务准备表

名称	锯削动作、姿势练习	材料	Q235	学时	
毛坯尺寸	—	件数	1	转下一内容	—
工具、量具、刃具	划针、样冲、锯弓、锯条、钢直尺、游标高度卡尺、标准平板、V 形架				

2. 任务分析

1）本学习活动没有设定工件外形尺寸，因此可采用废料练习，练习前要先划直线，然后按直线进行锯削。

2）锯削动作、姿势练习，主要是练习锯削时两脚的站立姿势、两手的握锯方法和用力要领，通过练习来保证锯削时两手和身体的协调性。

3. 实训步骤

1）先锉削加工工件的一个表面，将其作为划线基准，然后用游标高度卡尺在工件表面上划直线。

2）按划线位置起锯，分别练习近起锯和远起锯。

3）起锯熟练后进行正常锯削练习。

4. 操作示范

（1）工件的装夹　将工件装夹在台虎钳左右两侧，为了方便操作，一般装夹在台虎钳

左侧，工件伸出钳口侧面约 20mm。

（2）锯条的安装（图 5-1） 将锯条安装在锯弓两端支柱上，应保证齿尖向前。调节紧固后的锯条松紧度要合适，若太紧，则锯条受力过大易折断；若太松，则锯条易扭曲，也易折断，并且锯缝易歪斜。

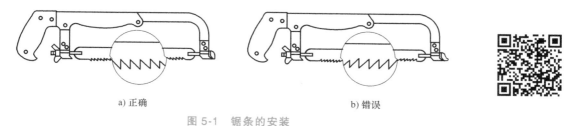

a) 正确　　　　　　　　b) 错误

图 5-1　锯条的安装

（3）锯削动作和姿势（图 5-2） 如图 5-3 所示，右手握锯柄，左手轻扶锯弓前端，站立位置和身体动作、姿势与锉削相似，锯削过程中的推动和压力由右手控制，左手配合右手扶正锯弓。推出为切削行程，应施加压力；回程时不切削，自然拉回，不加压力；采用小幅度的上下摆动式运动。手锯推进时，身体略前倾，双手压向手锯的同时左手上翘，右手下压；回程时，右手上抬，左手自然跟回。锯削运动速度为 40 次/min 左右。

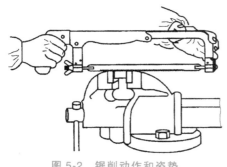

图 5-2　锯削动作和姿势

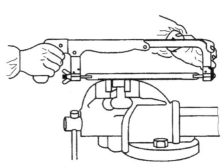

图 5-2　手锯的握法

（4）起锯方法 起锯方法有远起锯（图 5-4a）和近起锯（图 5-4b）之分，起锯角均为 15°左右。起锯时，左手大拇指靠住锯条，使锯条按照指定位置锯削（图 5-4c）。

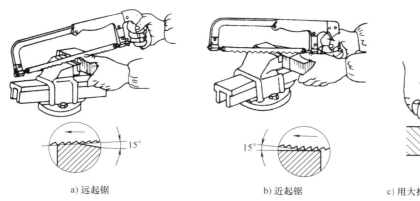

a) 远起锯　　　　　b) 近起锯　　　　　c) 用大拇指引导起锯

图 5-4　起锯方法

四、任务评价

完成练习后，根据表 5-2 进行自评和教师评分。

表 5-2　评分记录表

序号	考核内容	配分	评分标准	自评得分	教师评分
1	两脚站立位置、姿势正确	20	不正确酌情扣分		
2	两手握锯正确	20	不正确酌情扣分		
3	两手动作、姿势正确	20	不正确酌情扣分		
4	两手和身体协调性好	20	不正确酌情扣分		
5	近起锯、远起锯正确	20	不正确酌情扣分		
6	安全文明生产		违者每次扣 2 分		
合计					

五、任务小结

1. 锯齿崩裂的原因

1）起锯角太大或起锯时用力过大。

2）锯削时突然加大压力，被工件棱边钩住锯齿而崩裂。

3）锯削薄板料和薄壁管子时锯条选择不当。

2. 锯削时的注意事项

1）锯条安装的松紧度要适当，锯削时用力不要太猛，防止锯条崩出伤人。

2）即将锯断时压力要小，并应用手扶住工件断开部分，防止其掉落砸脚；避免工件突然断开，造成身体前冲而引发事故。

3）锯削时，切削行程不宜过短，往复长度应不小于锯条全长的 2/3。

学习活动 2　钢件的深缝锯削

一、学习目标

能正确起锯及锯削深缝，达到工件的尺寸公差要求。

二、学习要求

1）掌握起锯和锯削深缝的方法，达到工件的尺寸公差要求。

2）熟悉锯条折断的原因和防止方法，了解导致锯缝歪斜的几种原因。

3）每次练习结束，把测量结果（最大值/最小值）及是否合格填入评分记录表中。

三、工作任务

完成图 5-5a 所示钢件的加工。

1. 工件图

工件图如图 5-5b 所示。任务准备表见表 5-3。

a) 实物图

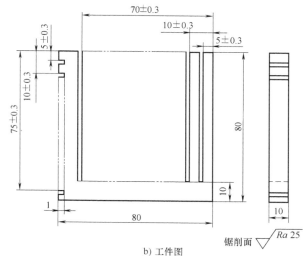

b) 工件图

图 5-5 实物图和工件图

表 5-3 任务准备表

名称	钢件的深缝锯削	材料	Q235（或 45）	学时	
毛坯尺寸/mm	81×81×10	件数	1	转下一内容	—
工具、量具、刃具	划针、样冲、锯弓、锯条、钢直尺、游标卡尺、游标高度卡尺、标准平板、V形架				

2. 任务分析

1）本学习活动练习起锯和深缝锯削，应先练习起锯，后练习深缝锯削。

2）起锯练习从 (5±0.3)mm 开始，每增加 5mm 练习一次，保证尺寸上、下极限偏差为 ±0.3mm，共练习 15 次。

3）深缝锯削练习从 (70±0.3)mm 开始，每减小 5mm 练习一次，保证尺寸上、下极限偏差为 ±0.3mm，共练习 14 次。

4）不允许修锯加工锯削表面。

3. 实训步骤

1）按工件图尺寸加工工件外形。

2）按工件图尺寸，用游标高度卡尺在工件表面上划线。

3）起锯练习：尺寸由小到大。

4）深缝锯削练习：尺寸由大到小。

4. 操作示范

（1）棒料的锯削 要求锯削断面平整，应从开始连续锯削到结束。若锯削面要求不高，可分几个方向锯下，由于锯削面变小而容易锯入，提高了工作效率。

（2）管子的锯削（图 5-6） 薄壁管子须用 V 形木垫装夹，以防管子夹扁夹坏。锯到管子内壁处时，应向前转一个角度再锯，否则容易造成锯齿崩断。

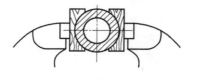
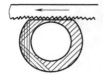

a) 管子的装夹   b) 转位锯削   c) 不正确的锯削方法

图 5-6　管子的装夹和锯削

（3）薄板料的锯削（图 5-7）　将薄板料装夹在两木板之间，锯削时连同木板一起锯开；或将薄板料装夹在台虎钳上，使手锯做横向斜锯削。

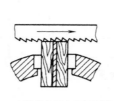
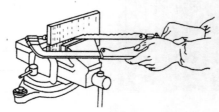

a) 装夹在两木板间锯削   b) 横向斜锯削

图 5-7　薄板料的锯削

（4）深缝的锯削（图 5-8）　当锯缝深度超过锯弓高度时，应将锯条转过 90°安装，使锯弓转到工件的旁边；若锯弓横下来其高度仍然不够，也可把锯条安装成锯齿向锯内的方向进行锯削。

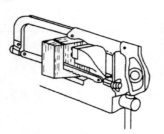
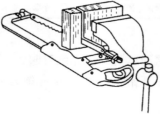
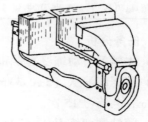

a) 锯弓与深缝平行   b) 锯弓与深缝垂直   c) 反向锯削

图 5-8　深缝的锯削

四、任务评价

每次完成练习后，根据实际情况填写表 5-4。

表 5-4　评分记录表　　　　　　　　　　　　　　　（单位：mm）

起锯练习			深缝锯削练习		
练习项目	实测结果 （最大值/最小值）	是否合格	练习项目	实测结果 （最大值/最小值）	是否合格
5±0.3			20±0.3		
10±0.3			25±0.3		
15±0.3			30±0.3		

（续）

起锯练习			深缝锯削练习		
练习项目	实测结果 （最大值/最小值）	是否合格	练习项目	实测结果 （最大值/最小值）	是否合格
35±0.3			55±0.3		
40±0.3			50±0.3		
45±0.3			45±0.3		
50±0.3			40±0.3		
55±0.3			35±0.3		
60±0.3			30±0.3		
65±0.3			25±0.3		
70±0.3			20±0.3		
75±0.3			15±0.3		
70±0.3			10±0.3		
65±0.3			5±0.3		
60±0.3					
合计					

五、任务小结

1. 锯条折断的原因

1）锯条安装得过松或过紧。

2）工件装夹不牢固或装夹位置不正确，造成工件松动或抖动。

3）锯缝歪斜后强行纠正。

4）锯削速度过快、压力太大，锯条容易被卡住。

5）更换新锯条后，容易在原锯缝内造成夹锯。

6）工件即将被锯断时没有减慢锯削速度和减小锯削力，使手锯突然失去平衡而折断锯条。

7）锯削过程中停止工作，但未将手锯取出而碰断。

2. 锯缝歪斜或尺寸超差的原因

1）装夹工件时，没有按要求放置锯缝线。

2）锯条安装得太松或相对于锯弓平面扭曲。

3）锯削时用力不正确，使锯条左右偏摆。

4）使用了磨损不均的锯条。

5）起锯时，起锯位置不正确或锯路发生歪斜。

6）锯削过程中，操作者视线没有观察锯条是否与加工线重合。

3. 注意事项

1）起锯质量影响着锯削质量，因此，在起锯尺寸合格后，方可进行正常锯削。

2）锯削过程中，当前后锯缝不一致时，锯弓做左右调整；当锯缝垂直方向出现歪斜时，应把锯弓平面转向锯缝歪斜方向锯下，即可慢慢纠正歪斜，但扭转力不能太大，否则锯条容易折断。

3）起锯和锯削时应注意：主要保证工件有尺寸要求的一边。

任务6

锉削（二）——典型工件的加工

学习活动 1　四边形工件的加工

一、学习目标

会锉削工件垂直面、平行面及其测量方法，能按照垂直度、平行度要求进行锉削，并达到工件尺寸公差要求。

二、学习要求

1）掌握四边形工件的加工工艺及方法。

2）掌握工件垂直面的加工工艺及垂直度误差的测量方法。

3）掌握平行度误差的测量方法。

三、工作任务

加工图 6-1a 所示的四边形工件。

1. 工件图

工件图如图 6-1b 所示。任务准备表见表 6-1。

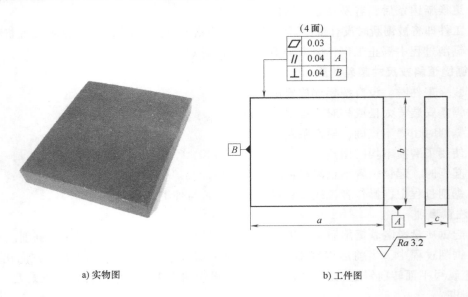

a) 实物图　　　　　　　　　　　　　　b) 工件图

图 6-1　四边形工件

表6-1 任务准备表

名称	四边形工件的加工	材料	Q235（或45）	学时	①任务六的学习活动7
毛坯尺寸/mm	① 39×39×10 ② 61×41×10 ③ 91×81×12	件数	各1	转下一内容	②任务六的学习活动8 ③任务六的学习活动2
工具、量具、刃具	锉刀、刀口形直尺、90°角尺、游标高度卡尺、游标卡尺、千分尺、标准平板、V形架、锯弓、锯条				

2. 任务分析

1）本学习活动的工件共有三件，工件图中的 a、b、c 分别为：

① $(38\pm0.02)\,\text{mm}\times(38\pm0.02)\,\text{mm}\times10\text{mm}$。

② $(60\pm0.02)\,\text{mm}\times(40\pm0.02)\,\text{mm}\times10\text{mm}$。

③ $(90\pm0.02)\,\text{mm}\times(80\pm0.02)\,\text{mm}\times12\text{mm}$。

2）本学习活动中的工件除了要保证尺寸精度外，还要保证平面度、平行度和垂直度公差。测量时要采用正确的方法，避免出现测量误差。

3. 实训步骤

（1）锉削第一基准面 A 一般优先选择毛坯件四个加工表面中较为平整且边长较长的平面作为第一个加工面，如图6-1所示。按照锉削平面的方法进行加工，先粗加工再半精加工，最后精加工（用小锉刀或整形锉修整表面），达到平面尺寸和表面质量要求。

（2）锉削第二基准面 B 第二基准面 B 和第一基准面 A 是相邻面，按锉削垂直面的锉削方法进行加工，以保证第二基准面与第一基准面垂直。相邻两垂直面的加工工艺：以第一面 A 为基准，先用刀口形直尺采用透光法检测并控制垂直度误差，再控制直线度误差，最后控制平面度误差。也可以选择第一加工面的对面作为第二加工面。

（3）锉削第三面 第三面与第一基准面 A 为平行关系，按照控制尺寸精度的锉削工艺进行加工。先粗加工后精加工，用游标卡尺控制尺寸精度达到要求，再用油光锉抛光达到表面质量和平面度要求。也可以选择与第一加工面相邻的垂直面作为第三加工面。

（4）锉削第四面 第四面与第二基准面 B 为平行关系，加工方法同锉削第三面。

4. 操作示范

（1）垂直度误差的测量方法

1）用角度尺测量法。测量垂直度误差的常规方法是用角度尺测量法。所用角度尺有宽座直角尺、90°角尺、游标万能角度尺。以90°角尺为例，其测量方法如图6-2所示。测量前，应先用锉刀将工件的锐边倒棱，即倒出0.1～0.2mm的棱边（图6-3）。测量时左手拿工件，右手拿90°角尺的短直角边并压紧工件基准面，然后慢慢往下移动90°角尺，使其长直角边轻触工件加工面，采用透光法判断工件垂直度误差的大小（图6-2a）。注意：检查时，角度尺不可斜放（图6-2b）。如果使用游标万能角度尺进行测量，则可直接测出工件垂直度误差的大小。

2）比较测量法。比较测量法测量工件垂直度误差的方法如图6-4所示。在标准平板上固定一个带表的磁性表座、一根检

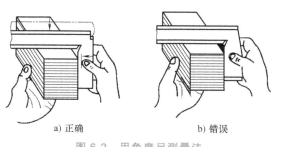

a) 正确   b) 错误

图6-2 用角度尺测量法

验棒、一个垫块及一个 V 形架。测量前，先用标准的 90°角尺校对百分表，让百分表指针对零位，如图 6-4a 所示，然后换上工件进行比较测量，如图 6-4b 所示，百分表指针偏离零位的数值即是工件该测点处的垂直度误差。当百分表指针沿顺时针方向偏离零位时，说明垂直度误差为正值；当百分表指针沿逆时针方向偏离零位时，则说明垂直度误差为负值。

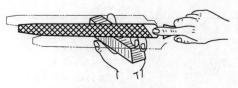

图 6-3　锐边倒棱

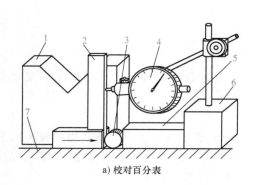
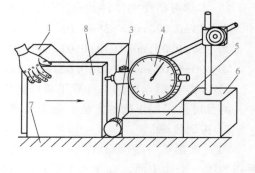

a) 校对百分表　　　　　　　　　b) 比较测量

图 6-4　比较测量法

1—V 形架　2—宽座直角尺　3—检验棒　4—百分表　5—垫块　6—磁性表座　7—标准平板　8—工件

采用比较测量法测量工件垂直度误差时，测量面的平面度精度要高，并且应用百分表测量工件的多个部位，否则会出现较大误差。将钟面式百分表安装在磁性表座上（图 6-5a），测量杆应垂直于被测表面（图 6-5b）。

（2）平行度误差的测量方法

1）游标卡尺或外径千分尺测量法。其测量方法与尺寸误差的测量方法相同，测量所得最大值与最小值之差即是工件的平行度误差。

2）百分表测量法。其测量方法如图 6-6 所示，工件的平行度误差是百分表的最大读数与最小读数之差。

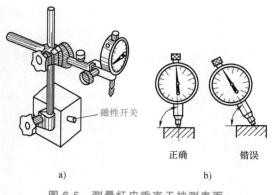

磁性开关

正确　　　错误

a)　　　　　　　　　b)

图 6-5　测量杆应垂直于被测表面

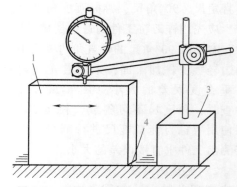

图 6-6　用百分表测量平行度误差的方法

1—工件　2—百分表　3—磁性表座　4—标准平板

四、任务评价

完成练习后，根据表 6-2 进行合格面数自评和教师评分。

表 6-2 评分记录表

序号	考核内容	评定方法	自评合格面数	教师评合格面数
1	（38±0.02）mm×（38±0.02）mm（2 处）	各尺寸误差是否合格		
2	（60±0.02）mm×（40±0.02）mm（2 处）			
3	（90±0.02）mm×（80±0.02）mm（2 处）			
合计				

五、任务小结

1）在尺寸误差、垂直度误差及平行度误差的测量中，基准面的精度对测量精度的影响很大，基准面的精度要高。

2）在垂直度误差的测量中，若测量方法不正确，则很容易出现测量误差超出要求，因此，必须采用正确的测量方法。

学习活动 2　阶梯形工件的加工

一、学习目标

会用对比测量法测量尺寸误差，能按照要求锯削并留锉削余量，锉削工件 90° 内角符合精度要求。

二、学习要求

1）掌握锉削工件 90° 内角的方法及其测量方法。

2）锯削工件尺寸的上、下极限偏差分别为 +0.6mm、+0.3mm，保证留有锉削余量 0.3~0.6mm。

3）练习过程中，要求工件每个面最终尺寸的上、下极限偏差为 ±0.01mm，如果某个尺寸小了，可以将公称尺寸减小 0.2mm 再锉削一次；如果尺寸又小了，则继续减小 0.2mm 锉削一次，直至合格为止。

三、工作任务

加工图 6-7a 所示的阶梯形工件。

1. 工件图

工件图如图 6-7b 所示。任务准备表见表 6-3。

表 6-3　任务准备表

名称	阶梯形工件的加工	材料	Q235（或 45）	学时	
毛坯尺寸	由任务 6 的学习活动 1 转来	件数	1	转下一内容	任务 6 的学习活动 4
工具、量具、刃具	锉刀、刀口形直尺、90° 角尺、游标高度卡尺、游标卡尺、千分尺、标准平板、百分表、V 形架、锯弓、锯条				

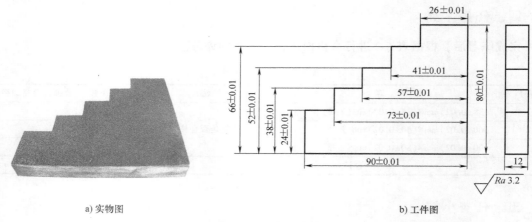

a) 实物图   b) 工件图

图 6-7　阶梯形工件

2. 任务分析

1）本学习活动主要练习阶梯形工件的加工技能。

2）加工每一面时，均应先锯削后锉削。内角处不许钻孔，清角时可以用修磨过的锉刀修锉，用 90°角尺的 90°外角进行检测。

3）如果练习量不够，可练习两件。

3. 实训步骤

1）划线。

2）锯削。保证每个加工面锯削后有 0.3~0.6mm 的锉削余量。

3）锉削。锉削每个加工面时，先粗锉，当尺寸余量为 0.06~0.1mm 时改为精锉，精锉时采用推锉、铲锉等方法。

4. 操作示范

（1）清角方法　清角时，可以用修磨过的锉刀（图 6-8a）修锉，按图 6-8b 所示修磨锉刀，用修磨过的锉刀刃口处清角（图 6-8c）。

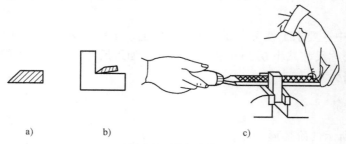

a)   b)   c)

图 6-8　清角方法

（2）尺寸误差对比测量法　除采用千分尺、游标卡尺测量尺寸误差外，还可以采用量块、杠杆百分表、精密平板和表座等的组合进行对比测量。测量时将量块组放在精密平板上，量块组的尺寸即是被测工件的尺寸，量块的研合方法如图 6-9 所示（先把两块量块交叉接触，用手前后推动和左右摆动上面的量块，使两测量面转到相互平行的方向，然后沿测量面长边方向平推量块，最后将两测量面全部研合在一起）。百分表测量头接触量块表面，并校正指针对准零位，如图 6-10 所示，然后用校好的百分表测量工件表面，如图 6-11 所示。如果此时指针沿顺时针方向偏转，则工件尺寸误差测量值为量块组尺寸与指针偏转量之和；如果指针沿逆时针方向偏转，则工件尺寸误差测量值为量块组尺寸与指针偏转量之差。

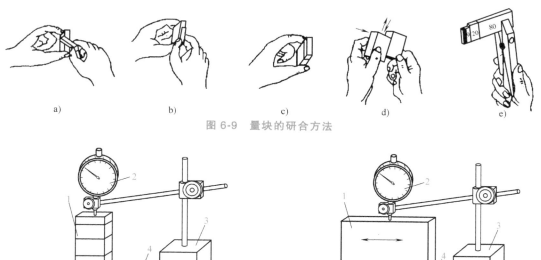

图 6-9　量块的研合方法

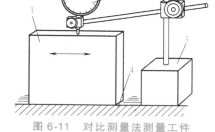

图 6-10　对比测量法校正零位

1—量块组　2—百分表　3—磁性表座　4—精密平板

图 6-11　对比测量法测量工件

1—工件　2—百分表　3—磁性表座　4—精密平板

四、任务评价

完成练习后，根据表 6-4 进行合格面数自评和教师评分。

表 6-4　评分记录表

考核内容	评定方法	自评合格面数	教师评合格面数
尺寸公差±0.01mm（8 处）	尺寸误差符合要求		
合计			

五、任务小结

1）锉削 90°角是锯后锉削的综合技能练习，锯削后所留锉削余量不能太多，否则会使锉削时间过长，导致锉削效率低。

2）由于锉削面小，锉削尺寸容易过小，因此，锉削过程中要多测量，并注意清角。

学习活动 3　钝角工件的加工

一、学习目标

会测量工件角度及对称度误差，能按照正确的斜面起锯、锉削和测量工件，并达到精度要求。

二、学习要求

1）掌握正确的斜面起锯方法。

2）掌握用游标万能角度尺测量工件角度的正确方法。

3）掌握对称度误差的正确测量方法。

4）实训过程中，如果角度或对称度误差不合格，可减小长度尺寸继续锉削，直至合格为止。

三、工作任务

加工图 6-12a 所示的钝角工件。

1. 工件图

工件图如图 6-12b 所示。任务准备表见表 6-5。

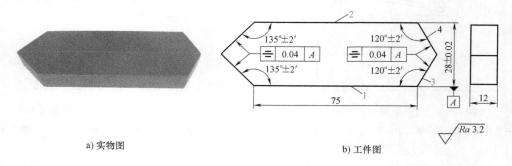

a）实物图   b）工件图

图 6-12 钝角工件

表 6-5 任务准备表

名称	钝角工件的加工	材料	Q235（或45）	学时	
毛坯尺寸/mm	100×29×12	件数	1	转下一内容	任务6的学习活动5
工具、量具、刃具	锉刀、刀口形直尺、90°角尺、游标高度卡尺、游标卡尺、百分表、游标万能角度尺、标准平板、V形架、锯弓、锯条				

2. 任务分析

1）本学习活动主要练习钝角工件的加工技能。

2）用游标万能角度尺检测工件角度误差，用百分表、标准平板等检测工件的对称度误差。

3）如果练习量不够，可将长度尺寸每减小 1mm 练习一次，练习次数根据实际情况而定。

3. 实训步骤

1）如图 6-12b 所示，锉削加工工件的 1、2 面，保证尺寸（28±0.02）mm，然后划斜面 3、4 的加工线。

2）按线锯削工件斜面 3，去除余量。斜面的锯削方法：将工件起锯面水平放置装夹，起锯 1mm 左右深度后，工件改为倾斜装夹，使锯削线为铅垂方向，再正常锯削至结束。

3）锉削工件斜面 3。先保证工件角度精度，再保证加工平面的直线度，最后保证平面度。

4）锉削工件斜面 4。先保证工件对称度，然后保证角度精度、直线度，最后保证平面度。

5）锉削工件另一端，其加工工艺与上述相同。

4. 操作示范

（1）游标万能角度尺的使用 左手拿工件，右手拿游标万能角度尺，使游标万能角度尺的基尺紧靠工件的基准面并慢慢往下移动，用透光法判断角度误差的大小，如图 6-13 所示。

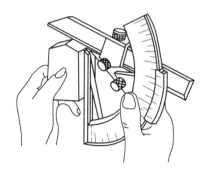

图 6-13 游标万能角度尺的使用

（2）工件对称度误差的测量 工件对称度误差的测量方法如图 6-14 所示，先以 Ⅰ 面为基准，测量 Ⅳ 面，如图 6-14a 所示；再以 Ⅱ 面为基准，测量 Ⅲ 面，如图 6-14b 所示。两次百分表读数差值的一半即为工件的对称度误差。采用此测量方法时，两个基准面之间的平行度误差要小，否则导致测量误差较大。

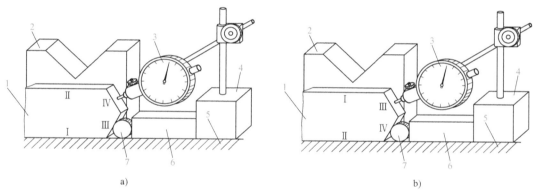

a)   b)

图 6-14 工件对称度误差的测量方法

1—工件 2—V 形架 3—百分表 4—磁性表座 5—标准平板 6—垫块 7—检验棒

四、任务评价

完成练习后，根据表 6-6 进行合格数自评和教师评分。

表 6-6 评分记录表

序号	考核内容	评定方法	自评合格数	教师评合格数
1	角度公差±2′（4 处）	角度误差符合要求		
2	对称度公差 0.04mm（2 处）	对称度误差符合要求		
合计				

五、任务小结

1）斜面起锯方法要正确，注意锯后留适当锉削余量，起锯时要避免刮伤已加工好的表面。

2）锉削斜面时加工工艺要正确，由于两斜面之间有对称度要求，锉削第二个斜面时，要注意测量对称度误差及角度，测量角度时要避免出现测量误差。

3）用游标万能角度尺测量工件时，手握尺的部位及用力要正确，避免出现测量误差。

学习活动 4　锐角工件的加工

一、学习目标

学会锐角工件间接测量值的计算方法以及用正弦规、量块检测工件角度的方法，能按照正确的工艺加工工件，并达到精度要求。

二、学习要求

1）掌握锐角工件间接测量值的测量方法及计算方法。

2）掌握用正弦规、量块和杠杆百分表的组合检测工件角度的方法。

3）实训过程中，如果工件某处尺寸或角度不合格，可以减小 0.2mm 的尺寸再锉削一次，直至工件所有尺寸和角度符合精度要求为止。

三、工作任务

加工图 6-15a 所示的锐角工件。

1. 工件图

工件图如图 6-15b 所示。任务准备表见表 6-7。

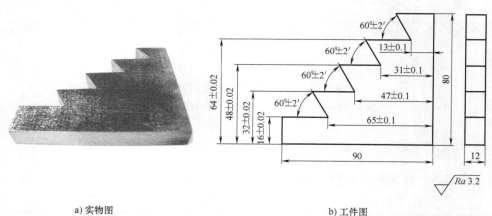

a) 实物图　　　　　　　　　　　　　b) 工件图

图 6-15　锐角工件

表 6-7　任务准备表

名称	锐角工件的加工	材料	Q235（或 45）	学时	
毛坯尺寸	由任务 6 的学习活动 2 转来	件数	1	转下一内容	任务 6 的学习活动 6
工具、量具、刃具	锉刀、刀口形直尺、90°角尺、游标高度卡尺、游标卡尺、千分尺、杠杆百分表、游标万能角度尺、精密平板、正弦规、量块 V 形架、锯弓、锯条				

2．任务分析

1）本学习活动主要练习锐角工件的加工技能，内角处不许钻孔。

2）可以用游标万能角度尺检测工件角度，也可以用正弦规、量块和杠杆百分表组合检测角度。

3）工件上的（13±0.1）mm、（31±0.1）mm、（47±0.1）mm、（65±0.1）mm 等尺寸不能直接测量，只能间接测量，每次锉削加工锐角的两个面前，应先计算间接测量的数值。

3．实训步骤

1）划线。

2）锯削除去尺寸余量。

3）锉削工件的一个锐角，如图 6-16 所示，先计算间接测量 M 值（按下面介绍的方法计算）的大小，再进行锉削加工。锉削过程是先加工 1 面，保证尺寸 F 合格，然后加工斜面 2。斜面 2 的加工工艺是：先保证尺寸 M 合格，再保证角度 α 合格，最后保证 2 面的直线度、平面度误差合格。其他锐角的加工方法与此相同。

4．操作示范

（1）间接测量的方法

如图 6-16 所示，尺寸 B 不能直接测量，需要间接测量 M 值。M 值的计算公式为

$$M = B + \frac{d}{2}\cot\frac{\alpha}{2} + \frac{d}{2}$$

式中　M——间接测量尺寸（mm）；

　　　B——图样要求尺寸（mm）；

　　　d——检验棒直径（mm）；

　　　α——斜面的角度（°）。

已知尺寸 A 时，尺寸 B 的计算公式为

$$B = A - C\tan\alpha$$

式中　A——斜面与槽口平面的交点（边角）至侧面的距离（mm）；

　　　C——深度尺寸（mm）。

M 值的实际测量方法如图 6-17 所示。

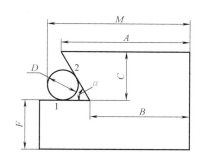

图 6-16　间接测量 M 值法

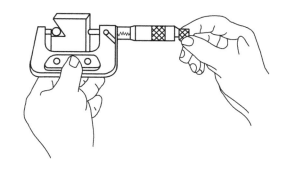

图 6-17　M 值的实际测量方法

（2）角度的测量

1）用游标万能角度尺测量角度的方法如图 6-18 所示。

2）采用正弦规、量块和杠杆百分表组合检测角度法。将正弦规放在精密平板上，工件放在正弦规工作台面上，正弦规的一个圆柱下面垫上量块组，量块组的高度根据被测工件角度的大小通过计算获得。然后如图 6-19 及图 6-20 所示安装杠杆百分表，用杠杆百分表测量工件表面两端高度，若各处高度相等，则说明工件角度正确；若高度不相等，则说明工件角度有误差。在锉削加工过程中，可根据误差情况进行修锉加工，如图 6-21a 所示。

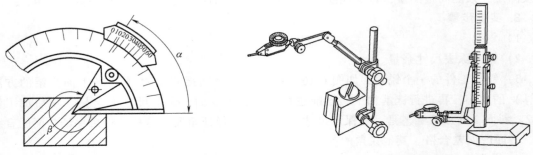

图 6-18　用游标万能角度尺测量角度的方法　　　　　图 6-19　安装杠杆百分表

在锉削加工过程中，如果既要保证图 6-21a 所示工件的角度精度，又要保证尺寸 B 的精度，测量时，可采用正弦规、量块和杠杆百分表组合检测角度法。测量前，先计算工件角度下正弦规工作台面最低处与精密平板的高度距离 A，以及工件表面至正弦规工作台面最低处的距离 B，按图 6-21b 所示组合尺寸为 $A+B$ 的量块组，校正杠杆百分表零位后，即可按图 6-21a 所示方法用杠杆百分表进行对比测量。

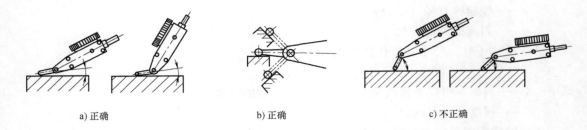

a) 正确　　　　　　　　b) 正确　　　　　　　　c) 不正确

图 6-20　杠杆百分表测量头与工件的接触

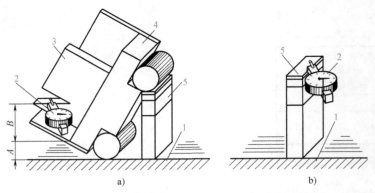

a)　　　　　　　　　　　　　　　　b)

图 6-21　正弦规、量块和杠杆百分表组合检测角度法

1—精密平板　2—杠杆百分表　3—工件　4—正弦规　5—量块组

四、任务评价

完成练习后，根据表 6-8 进行合格数自评和教师评分。

表 6-8　评分记录表

序号	考核内容	评定方法	自评合格数	教师评合格数
1	尺寸公差±0.02mm 和±0.1mm(共 8 处)	尺寸误差符合图样要求		
2	内角公差±2′(4 处)	角度误差符合图样要求		
合计				

五、任务小结

1）锉削锐角时，要掌握间接测量尺寸值的计算方法以及采用正弦规、量块和杠杆百分表组合检测角度法中高度尺寸的计算方法，否则将无法进行测量。

2）锉削斜面的顺序不能错，否则难以保证工件角度及间接测量值的尺寸精度。

学习活动 5　外圆弧工件的加工

一、学习目标

学会外圆弧的测量方法，能按照正确的工艺加工外圆弧工件，并达到尺寸精度要求。

二、学习要求

1）掌握外圆弧工件的正确锉削方法。

2）掌握外圆弧工件的正确加工工艺及测量方法。

3）实训过程中，如果圆弧精度不合格，可将工件长度尺寸减小 1mm 再锉削一次，直至合格为止。

三、工作任务

加工图 6-22a 所示的外圆弧工件。

1. 工件图

工件图如图 6-22b 所示。任务准备表见表 6-9。

a) 实物图　　　　　　　　　　　b) 工件图

图 6-22　外圆弧工件

表 6-9　任务准备表

名称	外圆弧工件的加工	材料	Q235（或 45）	学时	
毛坯尺寸	由任务 6 的学习活动 3 转来	件数	1	转下一内容	—
工具、量具、刃具	锉刀、刀口形直尺、90°角尺、游标高度卡尺、游标卡尺、千分尺、半径样板、标准平板、V 形架、锯弓、锯条				

2. 任务分析

1）本学习活动主要练习外圆弧工件的加工技能。

2）用半径样板检测工件外圆弧精度。

3）如果练习量不够，可将长度尺寸减小 1mm 再练习一次，练习次数根据实际情况决定。

3. 实训步骤

1）锉削工件 1、2 面，保证尺寸 28mm，如图 6-23 所示。

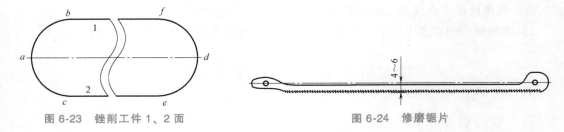

图 6-23　锉削工件 1、2 面　　　　　　　　　　图 6-24　修磨锯片

2）划两端圆弧线。为了便于加工，b、c、e、f 各点的圆弧起点线也要画出。

3）加工左端圆弧面。用修磨过的锯片锯削，去除圆弧面余量，然后锉削（修磨锯片的方法：把锯片装夹在台虎钳上，锯片无齿的一面露出台虎钳 4mm 左右，先用锤子敲去，然后在砂轮机上修磨成平直状态，如图 6-24 所示）。圆弧面锉削工艺是：先根据轮廓线粗锉加工，然后分 ab、ac 两段圆弧锉削，每段圆弧的加工分别从 a、b、c 各点开始，向每段圆弧中间方向锉削，用半径样板测量，符合要求即可结束锉削。

4）加工右端圆弧面。用修磨过的锯片锯削，去除圆弧面余量，先根据轮廓线粗锉加工，然后锉削到 d 点，保证长度尺寸 58mm；接着分 de、df 两段圆弧锉削，圆弧面的锉削方法与左端圆弧面相同。

4. 操作示范

（1）外圆弧面的锉削　　锉削外圆弧面常用的方法有顺锉法和横锉法。顺锉法（图 6-25）：右手握锉刀柄部往下压，左手将锉刀前端自然向上抬。这样锉出的圆弧面光洁圆滑，但锉削效率不高，适合精锉外圆弧面。横锉法（图 6-26）：锉刀做直线运动，并不断

图 6-25　外圆弧面顺锉法

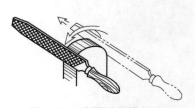

图 6-26　外圆弧面横锉法

随圆弧面移动，此方法效率高，但圆弧曲面成形质量稍差，常用于圆弧面的粗加工。

（2）球面锉削 球面锉削是顺向锉与横向锉同时进行的一种锉削方式，如图 6-27 所示。

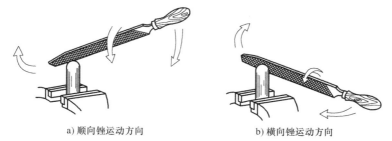

a) 顺向锉运动方向　　　　b) 横向锉运动方向

图 6-27　球面锉削

（3）外圆弧的测量 外圆弧用半径样板测量，如图 6-28 所示。如果圆弧半径较大，要分两段测量，测量时从 a、b、c 各点开始，向每段圆弧中间转动（与锉削每段圆弧的方向相同）。ab、ac 两段圆弧基本锉好后，半径样板在整个圆弧上转动检测，采用透光法判断误差大小，并根据误差情况进行修整。

图 6-28　外圆弧的测量

四、任务评价

完成练习后，根据表 6-10 进行合格数自评和教师评分。

表 6-10　评分记录表

考核内容	评定方法	自评合格数	教师评合格数
外圆弧公差±0.04mm（2 处）	外圆弧误差符合要求		
合计			

五、任务小结

1）锉削外圆弧面的步骤中把圆弧分成两段加工，每段圆弧的锉削及测量顺序都是由两端向中间进行，其步骤及方法要正确，否则不容易保证加工质量。

2）锉削外圆弧面过程中，圆弧面与两平面连接的起点线要划线清楚，否则连接处将不顺滑。

学习活动 6　内圆弧工件的加工

一、学习目标

学会内圆弧的测量方法，能按照正确的工艺加工内圆弧工件，并达到尺寸精度要求。

二、学习要求

1）掌握内圆弧工件的正确锉削方法。

2）掌握内圆弧工件加工工艺及测量方法。

3）练习过程中，如果内圆弧精度不合格，可将工件圆弧半径增大 0.5mm 再练习一次，直至合格为止。

三、工作任务

加工图 6-29a 所示的内圆弧工件。

1. 工件图

工件图如图 6-29b 所示。任务准备表见表 6-11。

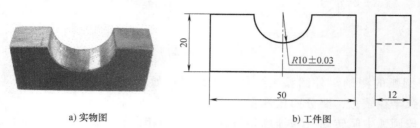

a) 实物图　　　　　　　　　b) 工件图

图 6-29　内圆弧工件

表 6-11　任务准备表

名称	内圆弧工件的加工	材料	Q235（或 45）	学时	
毛坯尺寸	由任务 6 的学习活动 4 转来	件数	1	转下一内容	—
工具、量具、刃具	锉刀、刀口形直尺、90°角尺、游标高度卡尺、游标卡尺、千分尺、半径样板、平板、V 形架、锯弓、锯条				

2. 任务分析

1）本学习活动主要练习内圆弧工件的加工技能。

2）用半径样板检测工件内圆弧精度。

3）如果练习量不够，可将圆弧半径每增大 0.5mm 再练习一次，练习次数根据实际情况决定。

3. 实训步骤

（1）划线　为了便于划圆弧线，划线时可选用一块合适的板料与工件 bc 面拼接，如图 6-30a 所示，并在台虎钳上夹紧，即可找到圆弧的圆心。

（2）锯削　用修磨过的锯片按划线位置锯去余量。

（3）锉削　用圆锉或半圆锉根据轮廓线粗加工，半径尺寸有 0.15～0.2mm 的余量时转入加工 a、b、c 三点，如图 6-30b 所示，保证直径 bc 及 a 点半径的尺寸精度即可。然后分 ab、ac 两段圆弧锉削，每段圆弧的加工工艺是分别从 a、b、c 各点开始，向每段圆弧中间方

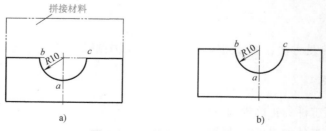

a)　　　　　　　　　　　　　b)

图 6-30　工件加工工艺示意

向锉削,并用半径样板测量内圆弧表面,符合要求时即可结束锉削。

4.操作示范

(1)内圆弧面的锉削　采用圆锉或半圆锉锉削内圆弧面。锉削时,锉刀要同时完成三个运动:前进运动、顺圆弧面向左或向右移动、绕锉刀中心线转动(图6-31),这样才能使内圆弧面光滑、准确。

(2)内圆弧面的测量　内圆弧面用半径样板测量,采用透光法判断误差大小,如图6-32所示。

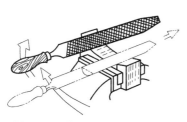

图6-31　内圆弧面的锉削方法

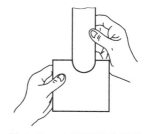

图6-32　内圆弧面的测量

四、任务评价

完成练习后,根据表6-12进行合格数自评和教师评分。

表6-12　评分记录表

考核内容	评定方法	自评合格数	教师评合格数
内圆弧公差±0.03mm(1处)	内圆弧误差符合要求		
合计			

五、任务小结

1)锉削内圆弧面的步骤与锉削外圆弧面一样分两段进行,每段圆弧面的锉削及测量也是由两端向中间方向进行。

2)锉削内圆弧面时,最后的修整工作最好采用推锉法,这样锉削出的圆弧面才顺滑。

学习活动 7　⊥形工件的加工

一、学习目标

学会⊥形工件对称度误差间接测量值的计算方法及测量方法,能按照正确工艺加工⊥形工件,并达到精度要求。

二、学习要求

1)掌握⊥形工件间接测量值的计算方法及对称度误差的测量方法。

2)掌握⊥形工件的正确加工工艺。

三、工作任务

加工图 6-33a 所示的⊥形工件。

1. 工件图

工件图如图 6-33b 所示。任务准备表见表 6-13。

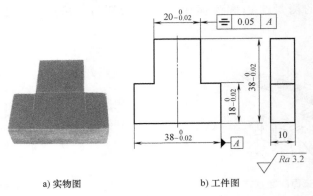

a) 实物图   b) 工件图

图 6-33　⊥形工件

表 6-13　任务准备表

名称	⊥形工件的加工	材料	Q235（或 45）	学时	任务 8 中学习活动 1 的子活动（三）
毛坯尺寸	由任务 6 的学习活动 1 转来	件数	1	转下一内容	
工具、量具、刃具	锉刀、刀口形直尺、90°角尺、游标高度卡尺、游标卡尺、千分尺、百分表、标准平板、V 形架、锯弓、锯条				

2. 任务分析

1）本学习活动主要练习⊥形工件的加工技能，内角处不许钻孔。

2）⊥形工件是钳工工件中较典型的有对称度要求的工件，加工过程中，要保证工件的对称度误差符合要求，采用正确的加工工艺是关键，可用间接测量尺寸值的方法来保证对称度误差。

3. 实训步骤

1）按图样尺寸（$38_{-0.02}^{0}$ mm×$38_{-0.02}^{0}$ mm）加工工件外形。

2）划线。

3）如图 6-34 所示，锯削 1、2 面去余量，锉削 1 面，保证 H 值的尺寸精度；然后锉削 2 面，为了保证对称度公差，锉削前需要计算间接测量的 M 值，保证 M 值的尺寸精度。

4）锯削 3、4 面去余量，锉削 3、4 面，并保证 T 及 H 值的尺寸精度。

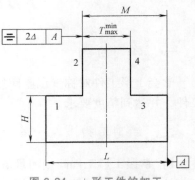

图 6-34　⊥形工件的加工

5）检查。

4. 操作示范

（1）间接测量尺寸的计算　如图 6-34 所示，间接测量尺寸的计算公式为

$$M_{min}^{max} = \frac{L_{实际尺寸} + T_{max}^{min}}{2} \pm \Delta$$

式中　M——对称度间接测量尺寸（mm）；

　　　L——工件两基准面间的尺寸（mm）；

　　　T——凸台或被测面间的尺寸（mm）；

　　　Δ——对称度误差最大允许值（mm）。

（2）对称度误差的测量　如图 6-35 所示，分别测量被测量面与基准面间的尺寸 A 和 B，其差值的一半 $\left|\dfrac{A-B}{2}\right|$ 即为对称度误差。

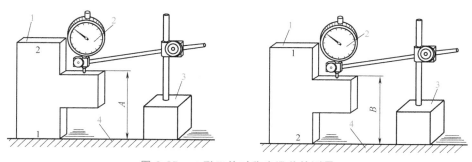

图 6-35　⊥形工件对称度误差的测量

1—工件　2—百分表　3—磁性表座　4—标准平板

四、任务评价

完成练习后，根据表 6-14 进行自评和教师评分。

表 6-14　评分记录表

序号	考 核 内 容	配分	评 分 标 准	自评得分	教师评分
1	$20_{-0.02}^{\;0}$mm	15	超差全扣		
2	$18_{-0.02}^{\;0}$mm（2 处）	2×15	超差全扣		
3	$38_{-0.02}^{\;0}$mm（2 处）	2×15	超差全扣		
4	⊜ | 0.05 | A	17	超差全扣		
5	$Ra3.2\mu$m（8 处）	8×1	降低一级全扣		
6	安全文明生产		违者每次扣 2 分		
合计					

五、任务小结

1）⊥形工件加工过程中，不能同时把两处台阶余料锯去，否则很难保证对称度要求。

2）要熟练掌握间接测量尺寸值的计算方法、对称度误差的测量方法以及加工步骤。

学习活动 8　燕尾件的加工

一、学习目标

学会燕尾件对称度误差间接测量值的计算方法及测量方法，能按照正确工艺加工燕尾件，并达到精度要求。

二、学习要求

1）掌握燕尾件间接测量值的计算方法及对称度误差的测量方法。

2）掌握燕尾件的正确加工工艺。

三、工作任务

加工图 6-36a 所示的燕尾件。

1. 工件图

工件图如图 6-36b 所示。任务准备表见表 6-15。

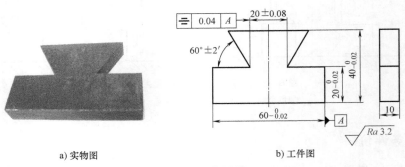

a) 实物图　　　　　　　　　　b) 工件图

图 6-36　燕尾件

表 6-15　任务准备表

名称	燕尾件的加工	材料	Q235（或 45）	学时	
毛坯尺寸	由任务 6 的学习活动 1 转来	件数	1	转下一内容	—
工具、量具、刃具	锉刀、90°角尺、游标高度卡尺、游标卡尺、游标万能角度尺、千分尺、百分表、标准平板、V 形架、锯弓、锯条				

2. 任务分析

1）本学习活动主要练习燕尾件的加工技能，内角处不许钻孔。

2）燕尾件也是钳工工件中较典型的有对称度要求的工件，加工过程中，要保证工件的对称度误差符合要求，采用正确的加工工艺是关键，用间接测量尺寸值的方法来保证对称度要求。

3. 实训步骤

1）按图样尺寸（$60^{0}_{-0.02}$ mm×$40^{0}_{-0.02}$ mm）加工外形。

2）划线。

3）锯削 1、2 面去余量，如图 6-37 所示，先锉削 1 面，控制 C 的尺寸精度，然后锉削 2 面。锉削 2 面工艺：先控制尺寸 M_1，再控制 α 角，最后控制直线度、平面度的要求。

4）锯削 3、4 面去余量，先锉削 3 面，控制 C 的尺寸精度，然后锉削 4 面。锉削 4 面工艺：先控制尺寸 M_2，再控制 α 角，最后控制直线度、平面度的要求。

5）检查。

4. 操作示范

对称度误差的测量方法如下。

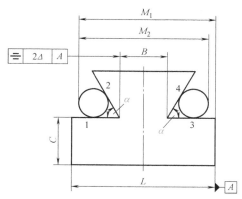

图 6-37 燕尾件的加工

1）百分表测量法。可采用图 6-38 和图 6-39 所示的两种方法测量工件的对称度误差。测量前必须保证工件两侧 A、B 面的平行度、垂直度满足要求，这样才能保证后续测量的精确性。在图 6-38 中，首先将零件的 A 面靠紧检验棒，打表测量燕尾面 2 上的点，记录测量值；再将零件翻转 180°，保持 B 面靠紧检验棒，测量面 1，对称度误差等于两次测量百分表读数差值的一半。图 6-39 所示测量方法基本相同，也是利用检验棒辅助测量，对称度误差

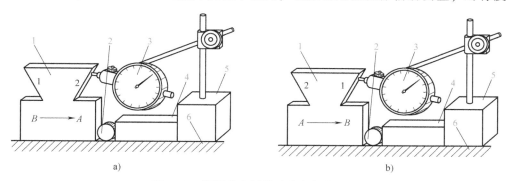

图 6-38 用百分表测量对称度误差（1）

1—工件 2—检验棒 3—百分表 4—垫块 5—磁性表座 6—标准平板

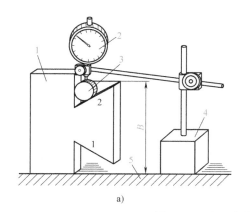
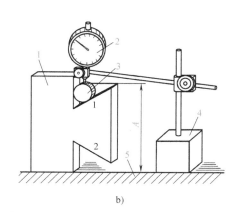

图 6-39 用百分表测量对称度误差（2）

1—工件 2—百分表 3—检验棒 4—磁性表座 5—标准平板

等于两次测量百分表读数差值的一半。

2）正弦规、杠杆百分表测量法。按图 6-40a 所示将工件安放在正弦规上，用杠杆百分表测量工件 2 面；然后按图 6-40b 所示安放工件，用杠杆百分表测量工件 1 面，杠杆百分表两次读数差值的一半就是工件的对称度误差。

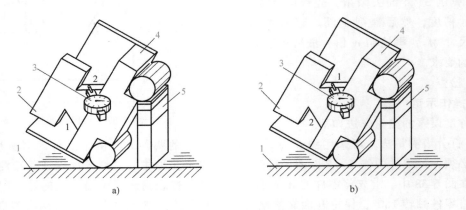

图 6-40　用正弦规、杠杆百分表测量对称度误差

1—标准平板　2—工件　3—杠杆百分表　4—正弦规　5—量块组

四、任务评价

完成练习后，根据表 6-16 进行自评和教师评分。

表 6-16　评分记录表

序号	考核内容	配分	评分标准	自评得分	教师评分
1	$20_{-0.02}^{0}$mm（2处）	2×10	超差全扣		
2	（20±0.08）mm	10	超差全扣		
3	$40_{-0.02}^{0}$mm	10	超差全扣		
4	$60_{-0.02}^{0}$mm	10	超差全扣		
5	60°±2′（2处）	2×10	超差全扣		
6	▤ 0.04 A	22	超差全扣		
7	$Ra3.2\mu m$（8处）	8×1	降低一级全扣		
8	安全文明生产		违者每次扣2分		
	合计				

五、任务小结

1）燕尾件加工过程中，如果采用间接测量法保证对称度，则不能同时把两处台阶余料锯去，否则很难保证对称度要求。

2）要熟练掌握间接测量尺寸的计算方法、对称度误差的测量方法以及加工步骤。

学习活动 9　正六边形工件的加工

一、学习目标

学会正六边形工件的测量方法，能按照正确的工艺加工正六边形工件，并达到精度要求。

二、学习要求

1）掌握正六边形工件角度及对称度误差的测量方法。

2）掌握用圆形毛坯或板料毛坯锉削正六边形工件的正确加工工艺。

三、工作任务

加工图 6-41a 所示的正六边形工件。

1. 工件图

工件图如图 6-41b 所示。任务准备表见表 6-17。

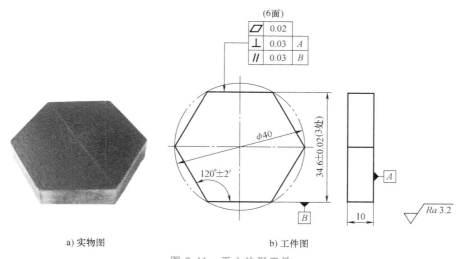

a) 实物图　　　　　　　　　　b) 工件图

图 6-41　正六边形工件

表 6-17　任务准备表

名称	正六边形工件的加工	材料	Q235（或 45）	学时	
毛坯尺寸/mm	圆料：φ40×10 板料：36×45×10	件数	1	转下一内容	任务 8 中学习活动 1 的子活动（五）
工具、量具、刃具	锉刀、90°角尺、游标高度卡尺、游标卡尺、游标万能角度尺、千分尺、百分表、标准平板、V 形架、锯弓、锯条				

2. 任务分析

1）本学习活动主要练习正六边形工件的加工技能。

2）虽然正六边形工件图中没有边长的对称度要求，但是在加工过程中，往往要保证工件边长的对称度，因此，加工过程中需要测量边长的对称度误差。

3）工件毛坯可选择圆形毛坯或板料毛坯，或者两种都练习。

3. 实训步骤

（1）用圆形毛坯锉削正六边形工件的加工工艺

1）划线。先用游标高度卡尺找圆心：按照圆形毛坯半径尺寸调整游标高度卡尺的尺寸，在工件毛坯的大面上分别划出多条相交线，各线的交点即为毛坯圆心。然后在圆心处打样冲眼，用划规划圆，再进行六等分；最后划六边线条（划线过程中最好用磁性表座吸稳工件，使工件两面划线一致）。

2）加工 1 面。锯削去余量，以圆形毛坯外形为测量基准，锉削控制尺寸 A，尺寸 A 等于圆形毛坯外形直径实际尺寸除以 2，再加上 r（$r = 0.866R$，见本书"任务十四"拓展内容），如图 6-42a 所示。

3）加工 2 面。锯削去余量，锉削控制尺寸（34.6±0.02）mm，如图 6-42b 所示。

4）加工 3 面。锯削去余量，锉削控制尺寸 A 及角度 120°，如图 6-42c 所示。

5）加工 4 面。锯削去余量，锉削控制尺寸 A 及角度 120°，如图 6-42d 所示。

6）加工 5、6 面。锯削去余量，锉削控制尺寸（34.6±0.02）mm（2 处）和角度 120°，如图 6-42e 所示。

7）检查尺寸，修整，去毛刺。

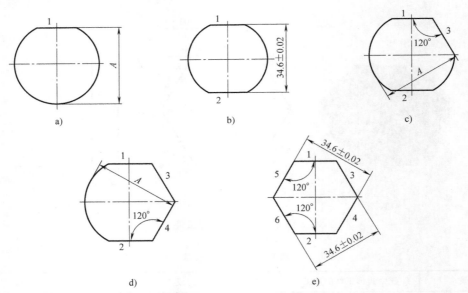

图 6-42　用圆形毛坯锉削正六边形工件的加工工艺

（2）用板料毛坯锉削正六边形工件的加工工艺

1）加工 1 面。一般不用划线，与锉削基准面的方法相同，如图 6-43a 所示。

2）加工 2 面。用游标高度卡尺以 1 面为基准划 34.6mm 的线，锯削后锉削，保证尺寸（34.6±0.02）mm，如图 6-43b 所示。

3）加工 3 面。用游标高度卡尺划 1、2 面之间的中心线，在工件中心线的一端选一点，过该点划与中心线成 60° 角的线，即可划出 3、4 面的线。锯削去 3 面余量并锉削，保证 120° 角的精度，如图 6-43c 所示。

4）加工 4 面。锯削去 4 面余量并锉削，先保证 3、4 面之间的对称度要求（对称度误差的测量方法如图 6-35 所示），再保证 4 面与 2 面之间 120° 角及 4 面的平面度要求，如图 6-43d 所示。

5）加工 5、6 面。以 3、4 面为基准，划 5、6 面的加工线，锯削 5、6 面去余量，并分别锉削，保证两处尺寸（34.6±0.02）mm 及角度 120° 即可，如图 6-43e、f 所示。

6）检查尺寸，修整，去毛刺。

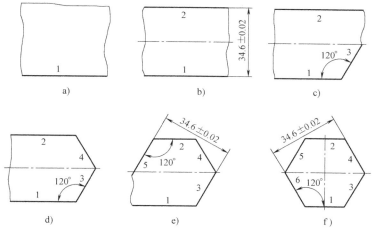

图 6-43 用板料毛坯锉削正六边形工件的加工工艺

4. 操作示范

正六边形工件边长对称度误差的测量方法：如图 6-44 所示，两次测量百分表读数值之差的一半即为边长对称度误差。

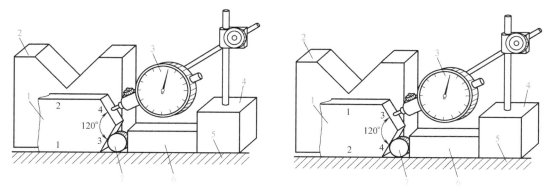

图 6-44 正六边形工件边长对称度误差的测量方法

1—工件 2—V 形架 3—百分表 4—磁性表座 5—标准平板 6—垫块 7—检验棒

四、任务评价

完成练习后，根据表 6-18 进行自评和教师评分。

表 6-18 评分记录表

序号	考核内容	配分	评分标准	自评得分	教师评分
1	(34.6±0.02)mm(3 处)	3×6	超差全扣		
2	120°±2′(6 处)	6×6	超差全扣		
3	▱ 0.02 (6 处)	6×3	超差全扣		
4	⊥ 0.03 A (6 处)	6×3	超差全扣		
5	∥ 0.03 B (3 处)	3×2	超差全扣		
6	$Ra3.2\mu m$(4 处)	4×1	降低一级全扣		
7	安全文明生产		违者每次扣 2 分		
合计					

五、任务小结

1）锉削正六边形工件需要具备控制尺寸、角度及对称度的综合技能，掌握这些技能是加工好正六边形工件的关键。

2）锉削正六边形工件的过程中，加工步骤及对称度误差的测量方法要正确。

学习活动 10 正五边形工件的加工

一、学习目标

学会正五边形工件的测量方法，能按照正确工艺加工正五边形工件，并达到精度要求。

二、学习要求

1）掌握正五边形工件角度及对称度误差的正确测量方法。

2）掌握用圆形毛坯或板料毛坯锉削正五边形工件的正确加工工艺。

三、工作任务

加工图 6-45a 所示的正五边形工件。

1. 工件图

工件图如图 6-45b 所示。任务准备表见表 6-19。

表 6-19 任务准备表

名称	正五边形工件的加工	材料	Q235（或 45）	学时	
毛坯尺寸/mm	圆料：φ40×10 板料：40×44×10	件数	1	转下一内容	任务 8 中学习活动 1 的五边形镶配
工具、量具、刃具	锉刀、90°角尺、游标高度卡尺、游标卡尺、游标万能角度尺、千分尺、百分表、标准平板、V 形架、锯弓、锯条				

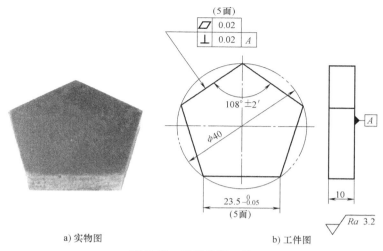

a）实物图　　　　　　　　　b）工件图

图 6-45　正五边形工件

2．任务分析

1）本学习活动主要练习正五边形工件的加工技能。

2）正五边形工件图中也没有边长的对称度要求，但在加工过程中，往往要保证工件边长的对称度误差符合要求，因此，加工过程中要进行边长对称度误差的测量。

3）工件毛坯可选用圆形毛坯或板料毛坯，或者两种都练习。

3．实训步骤

（1）用圆形毛坯锉削正五边形工件的加工工艺

1）划线。先找工件圆心（其方法与正六边形工件相同），然后按正五边形划线方法划出正五边形工件外形。

2）加工 1 面。锯削去余量，以圆形毛坯外形为测量基准，锉削控制尺寸 A，A 等于圆形毛坯外形直径实际尺寸除以 2，再加上 r（$r = 0.809R$，见本书任务十四的拓展内容），如图 6-46a 所示。

3）加工 2 面。锯削去余量，以圆形毛坯外形为测量基准，先锉削控制尺寸 A，再锉削控制角度 $108°\pm2'$，如图 6-46b 所示。

4）加工 3 面。锯削去余量，以圆形毛坯外形为测量基准，先锉削控制尺寸 A，再锉削控制 2 面边长尺寸 $23.5_{-0.05}^{0}$ mm，间接测量边长尺寸（见下文），最后锉削控制角度 $108°\pm2'$，如图 6-46c 所示。

5）加工 4 面。锯削去余量，先锉削控制 3 面边长尺寸 $23.5_{-0.05}^{0}$ mm，间接测量边长尺寸，最后锉削控制角度 $108°\pm2'$，如图 6-46d 所示。

6）加工 5 面。其加工工艺与加工 4 面相同，如图 6-46e 所示。

7）检查尺寸，修整，去毛刺。

（2）用板料毛坯锉削正五边形工件的加工工艺

1）加工 1 面。与锉削基准面的方法相同，如图 6-47a 所示。

2）以 1 面为划线基准，用游标高度卡尺划出五边形的中心线，划线高度尺寸为 r（$r = 0.809R$，见本书任务十四的拓展内容），并用找正的方法划出两面圆心，然后按五边形划线

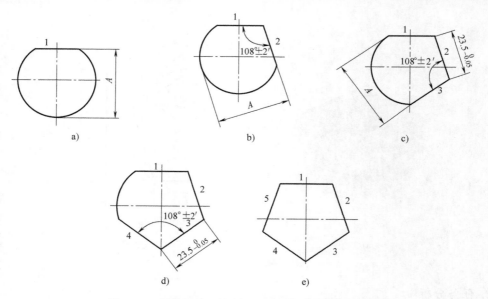

图 6-46　用圆形毛坯锉削正五边形工件的加工工艺

方法划出 1 面以外的其他各面的线。

3）加工 2 面。锯削去余量，以 1 面为测量基准，按划线位置锉削，控制角度 $108°±2'$，如图 6-47b 所示。

4）加工 3 面。锯削去余量，先锉削控制 2 面边长尺寸 $23.5_{-0.05}^{0}$ mm，间接测量边长尺寸，再锉削控制角度 $108°±2'$，如图 6-47c 所示。

5）加工 4 面。锯削去余量，先锉削控制 3 面边长尺寸 $23.5_{-0.05}^{0}$ mm，间接测量边长尺寸，最后锉削控制角度 $108°±2'$，如图 6-47d 所示。

6）加工 5 面。其加工工艺与加工 4 面相同，如图 6-47e 所示。

7）检查尺寸，修整，去毛刺。

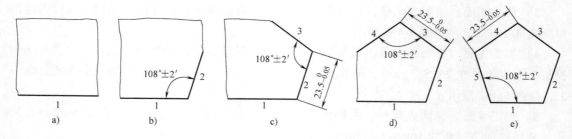

图 6-47　用板料毛坯锉削正五边形工件的加工工艺

4．操作示范

（1）正五边形边长的间接测量　正五边形边长的间接测量方法如图 6-48 所示，其计算公式为

$$L = M + D + D\mathrm{ctan}36°$$

式中 D——检验棒直径（mm）；

      M——正五边形边长（mm）；

      L——间接测量边长尺寸（mm）。

（2）正五边形边长对称度误差的测量   如图 6-49 所示，两次百分表测量读数之差的一半即为正五边形边长对称度误差值。

四、任务评价

完成练习后，根据表 6-20 进行自评和教师评分。

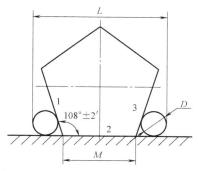

图 6-48 正五边形边长的间接测量方法

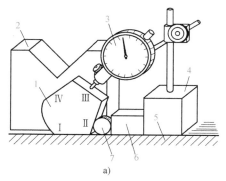
a)

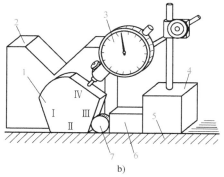
b)

图 6-49 正五边形边长对称度误差的测量方法

1—工件 2—V 形架 3—百分表 4—磁性表座 5—标准平板 6—垫块 7—检验棒

表 6-20 评分记录表

序号	考核内容	配分	评分标准	自评得分	教师评分
1	$23.5_{-0.05}^{\ 0}$ mm（5 处）	5×6	超差全扣		
2	$108°±2'$（5 处）	5×6	超差全扣		
3	▱ 0.02（5 处）	5×3	超差全扣		
4	⊥ 0.02 A（5 处）	5×3	超差全扣		
5	$Ra3.2μm$（5 处）	5×2	降低一级全扣		
6	安全文明生产		违者每次扣 2 分		
合计					

五、任务小结

1）锉削正五边形工件需要具备控制尺寸精度、角度及对称度要求的综合技能，掌握这些技能是加工好正五边形工件的关键。

2）锉削正五边形工件过程中，加工步骤、边长计算及对称度误差的测量方法要正确。

任务 7

孔加工和螺纹加工

学习活动 1　钢件的孔加工及螺纹加工

一、学习目标

能使用钻床钻孔、扩孔，用铰刀铰孔，用丝锥和板牙进行攻螺纹及套螺纹操作。

二、学习要求

1）掌握划线钻孔的方法，并能对一般的孔进行钻孔加工。

2）掌握扩孔、锪孔和铰孔的方法。

3）掌握攻螺纹底孔直径和套螺纹圆杆直径的确定方法以及攻、套螺纹的方法。

4）能够正确分析孔加工中出现的问题以及丝锥折断和攻、套螺纹中常见问题产生的原因和解决方法。

三、工作任务

加工图 7-1a 所示钢件上的孔及螺纹。

1. 工件图

工件图如图 7-1b、c 所示。任务准备表见表 7-1。

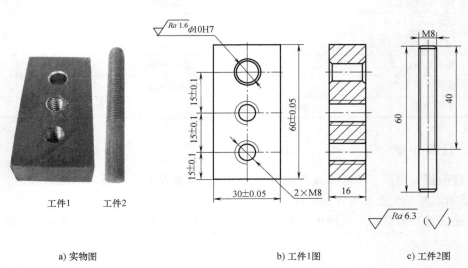

a) 实物图　　　　　　　b) 工件1图　　　　　　c) 工件2图

图 7-1　孔加工及螺纹加工工件

表7-1 任务准备表

名称	钢件的孔加工及螺纹加工	材料	Q235	学时	
毛坯尺寸/mm	60×30×16 ϕ8×60	件数	各1	转下一内容	—
工具、量具、刃具	锯弓、锯条、锉刀、90°角尺、游标高度卡尺、游标卡尺、千分尺、标准平板、V形架、丝锥、板牙、铰刀、钻头				

2. 任务分析

1）工件1外形尺寸按照（60±0.05）mm×（30±0.05）mm加工。

2）图7-1b中，加工ϕ10H7、表面粗糙度 Ra 值为1.6μm的孔时，必须先用ϕ9.7mm或ϕ9.8mm的钻头钻孔，然后铰孔；加工2×M8螺纹孔时，应先计算螺纹底孔直径，按照计算结果选择钻头直径进行钻孔，然后攻螺纹；必须通过控制钻孔加工过程，来保证工件孔距（15±0.1）mm的要求。

3）在图7-1c中，加工外螺纹M8时，需要先计算外螺纹圆柱直径，然后按照计算值锉削加工圆柱表面，最后套外螺纹。

4）实训过程中，如果钻床数量有限，可把本次学习活动插入典型工件加工项目学习活动2阶梯形工件的加工中，部分学生练习锉削加工，部分学生练习钻孔加工。

3. 实训步骤

（1）加工工件1

1）按照尺寸（60±0.05）mm×（30±0.05）mm加工工件外形。

2）划线。

3）钻孔。对于ϕ10H7孔，经查表，选用ϕ9.7mm或ϕ9.8mm的钻头钻孔；对于2×M8螺纹孔，经查表，螺距 P = 1.25mm，计算螺纹底孔直径：$D_{\text{孔}} = D - P = 8\text{mm} - 1.25\text{mm} = 6.75\text{mm}$，因此，选择$\phi$6.7mm的钻头钻孔。

4）铰孔和攻螺纹。用ϕ10H7的铰刀铰孔，并加注润滑油；用M8的丝锥攻螺纹，并加注润滑油。

5）孔口去毛刺。

（2）加工工件2

1）加工长度尺寸60mm。

2）按照套螺纹前圆杆直径的计算公式得：$d_{\text{杆}} = d - 0.13P = 8\text{mm} - 0.13 \times 1.25\text{mm} \approx 7.84\text{mm}$，因此，把$\phi$8mm圆杆上螺纹部分的直径锉削加工至$\phi$7.84mm，圆杆端部倒角。

3）用M8的板牙套螺纹，并加注润滑油。

4. 操作示范

（1）钻孔

1）划线。按尺寸划各孔的十字中心线，并在中心打样冲眼，再按孔的大小划出其圆周线（图7-2a、b）。如果钻孔精度要求较高，则需要划出几个大小不等的检查方框（图7-2c）。在各孔中心处打样冲眼，精度要求高的孔可以不打样冲眼，因为样冲眼不准确会影响钻孔质量。

2）装拆钻头。直柄钻头的装拆方法如图7-3a所示，锥柄钻头的装拆方法如图7-3b、c、d所示。

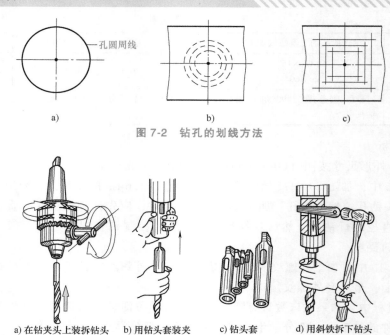

a)   b)   c)

图 7-2　钻孔的划线方法

a) 在钻夹头上装拆钻头　b) 用钻头套装夹　c) 钻头套　d) 用斜铁拆下钻头

图 7-3　钻头的装拆

3）装夹工件（图 7-4）。

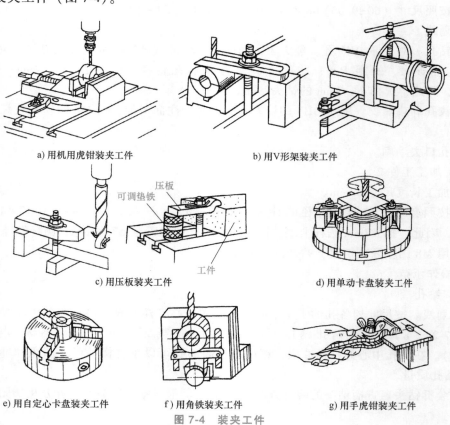

a) 用机用虎钳装夹工件　　　　　　b) 用V形架装夹工件

压板
可调垫铁
工件

c) 用压板装夹工件　　　　　　　　d) 用单动卡盘装夹工件

e) 用自定心卡盘装夹工件　　　f) 用角铁装夹工件　　　g) 用手虎钳装夹工件

图 7-4　装夹工件

4) 钻孔方法。使钻头顶尖与工件孔的十字中心对齐，开动钻床，再次错开 90°方向找正对齐（图 7-5a）。对准后锁紧钻床主轴，轻钻出一小浅坑，观察钻孔位置是否正确，根据偏差再做调整，如果小孔位置准确，即可正常钻孔，直至把孔钻穿（图 7-5b）。如果钻出的浅坑与划线圆发生偏位，偏位较少的可在试钻的同时，用力将工件向偏位的反方向推移，逐步校正；偏位较多时，可用油槽錾錾出几条小槽，以减小此处的钻削阻力，达到校正的目的（图 7-5c）。

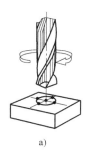 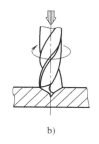 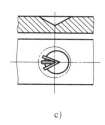

a)　　　　　　　　　b)　　　　　　　　　c)

图 7-5　钻孔方法

（2）扩孔　钻孔后，在不改变工件和机床主轴相互位置的情况下，立即换上扩孔钻扩孔，可使钻头轴线与扩孔钻的中心线重合（图 7-6a）。当工件和机床主轴的相互位置发生改变时，如果用麻花钻扩孔，应使麻花钻的后刀面与孔口接触，用手沿逆时针方向转动麻花钻，这样可使钻头轴线与扩孔钻的中心线重合（图 7-6b）；如果用扩孔钻扩孔，则应先找正扩孔钻轴线与钻头轴线的中心重合后，再进行扩孔。

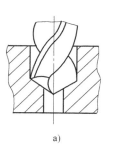 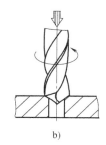

a)　　　　　　　　　b)

图 7-6　扩孔方法

（3）铰孔　将工件装夹在台虎钳上，在已钻好的孔中插入铰刀，如图 7-7 所示，起铰时，右手围绕铰孔轴线施加压力，左手转动铰杠，两手用力应均匀、平稳、不得有侧向压力，同时适当加压，使铰刀均匀进给。

（4）攻螺纹　起攻时，一只手的手掌按住铰杠中部并沿丝锥轴线方向施加压力，另一只手配合做顺时针方向前进，如图 7-8 所示。在丝锥攻入 1~2 圈后，应及时在前后、左右两个方向用 90°角尺检查丝锥的垂直度，如图 7-9 所示。当丝锥的切削部分全部进入工件后，

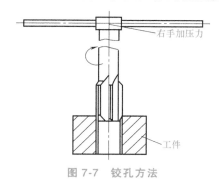

图 7-7　铰孔方法

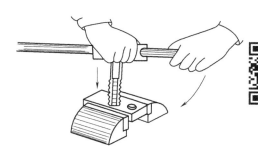

图 7-8　攻螺纹

则不需要再加压力，而是靠丝锥自然旋进切削。此时两手用力要均匀，并经常倒转 1/4～1/2 圈，以避免切屑阻塞卡住丝锥，如图 7-10 所示。

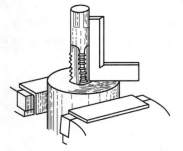

图 7-9　用 90° 角尺检查丝锥的垂直度

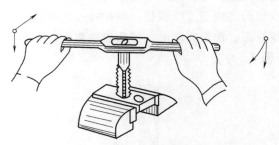

图 7-10　攻螺纹时两手要经常倒转

（5）套螺纹　套螺纹前应对工件端部倒角，如图 7-11 所示。将工件装夹在台虎钳上，起套时要使板牙端面与圆杆轴线垂直，用一只手的手掌按住铰杠中部并施加轴向力，另一只手配合做顺时针方向缓慢转动。当板牙切入材料 2～3 圈时，检查并找正板牙的位置，确认位置无误后即可正常套螺纹，此时不加压力，加注切削液，让板牙自然旋进，并经常倒转断屑，如图 7-12 所示。

图 7-11　对工件端部倒角

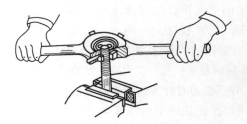

图 7-12　套螺纹

四、任务评价

完成练习后，根据表 7-2 进行自评和教师评分。

表 7-2　评分记录表

序号	考 核 内 容	配分	评分标准	自评得分	教师评分
1	（15±0.1）mm（3 处）	3×15	超差全扣		
2	φ10H7	10	超差全扣		
3	M8（内螺纹）（2 处）	2×10	烂牙、崩牙全扣		
4	M8（外螺纹）	15	烂牙、崩牙全扣		
5	Ra1.6μm	10	降低一级全扣		
6	安全文明生产		违者每次扣 2 分		
合计					

五、任务小结

1）钻孔时，手施加的进给力要适当，即将钻穿时应减小进给力，不可用力过猛，以免影响钻孔质量。

2）钻孔后注意对孔口倒角。

3）根据工件不同材料、不同直径，选择钻孔时的切削速度及切削液。

4）铰孔时，铰刀不能反转退出。

5）攻螺纹和套螺纹时前 3 圈是关键，要从两个方向及时对垂直度误差进行检查和调整，以保证攻、套螺纹质量。

6）套螺纹时要控制两手用力均匀和掌握用力限度，以防止孔口烂牙。

7）攻、套螺纹时要经常倒转断屑和清屑，以防止丝锥折断。

8）熟练操作钻床，严格遵守钻床的安全操作规程。

学习活动 2　标准麻花钻的刃磨

一、学习目标

理解标准麻花钻的结构以及标准麻花钻存在的缺点，能刃磨标准麻花钻。

二、学习要求

1）了解标准麻花钻的几何角度。

2）掌握标准麻花钻的刃磨方法。

3）熟练使用砂轮机，严格遵守砂轮机的安全操作规程。

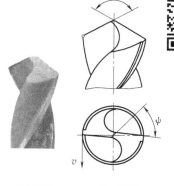

a) 实物图　　　　b) 工件图

图 7-13　标准麻花钻

三、工作任务

刃磨图 7-13a 所示的标准麻花钻。

1. 工件图

工件图如图 7-13b 所示。任务准备表见表 7-3。

表 7-3　任务准备表

名称	标准麻花钻的刃磨	材料	W18Cr4V	学时	
毛坯尺寸	—	件数	1	转下一内容	—
工具、量具、刃具	麻花钻、砂轮				

2. 任务分析

1）刃磨标准麻花钻前，首先要了解标准麻花钻的几何角度：顶角 118°±2°，外缘处后角 10°~14°，横刃斜角 50°~55°；然后按照标准麻花钻的刃磨方法进行练习。

2）钻头刃磨好后要进行试钻孔，以检验钻头质量。如果钻削顺利，而且所钻孔的直径尺寸误差不大于 0.1mm，则说明钻头质量符合要求。

3）标准麻花钻的刃磨可穿插在其他学习活动中训练，采用 φ8~φ12mm 的钻头进行刃磨练习。

3. 实训步骤

1）按照标准麻花钻的刃磨方法进行练习。

2）钻头刃磨好后进行试钻孔。

4. 操作示范

右手握住钻头的头部，左手握住柄部，使钻头轴线与砂轮圆柱素线在水平面内的夹角等于钻头顶角 2φ 的一半（图 7-14a）。被刃磨部分的主切削刃处于水平位置，使主切削刃在略高于砂轮水平中心平面处接触砂轮，右手缓慢地使钻头绕其自身轴线由下向上转动磨削，左手配合右手做缓慢地同步下压运动，磨出后角，下压的速度及幅度随后角的大小而变；为了保证钻头近中心处磨出较大后角，还应做适当地右移运动。按此反复操作多次，磨出两主切削刃和两主后刀面，如图 7-14b 所示。刃磨过程中，目测检验钻头的几何角度及两主切削刃的对称性。检验两主切削刃的对称性时，把钻头切削部分向上竖立，并使两主切削刃在左右两侧，两眼平视，由于两主切削刃一前一后会产生视差，往往会感到左刃（前刃）高而右刃（后刃）低，旋转 180° 反复看几次，如果结果一样，则说明两主切削刃是对称的；如果两主切削刃成直线，说明顶角为 118°±2°。通过观察横刃斜角是否为 50°~55°，来判断钻头后角大小：横刃斜角大，则后角小；横刃斜角小，则后角大。如果不符合上述要求，则应反复修磨，直至达到刃磨要求为止。

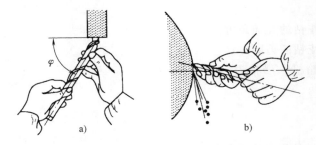

图 7-14　标准麻花钻的刃磨方法

四、任务评价

完成练习后，根据表 7-4 进行自评和教师评分。

表 7-4　评分记录表

序号	考核内容	配分	评分标准	自评得分	教师评分
1	顶角 118°±2°	30	超差全扣		
2	外缘处后角 10°~14°（2 处）	2×15	超差全扣		
3	横刃斜角 50°~55°	20	超差全扣		
4	两主切刃长度及外缘处两点高低一致	20	不符合全扣		
5	安全文明生产		违者每次扣 2 分		
	合计				

五、任务小结

1）能目测检验钻头刃磨后两主切刃是否对称及外缘处两点高低是否一致。

2）刃磨过程中要戴好防护眼镜；刃磨时，要不断把钻头放入冷水中冷却，避免因钻头温度过高而降低其硬度。

3）试钻孔时，若孔径大于规定尺寸，原因是钻头两切削刃长度不等、高低不一致；孔呈多角形的原因是钻头后角太大或两主切削刃长短不一、角度不对称。

学习活动3　钢件的锪孔加工

一、学习目标

会用麻花钻改磨90°锥形锪钻和圆柱锪钻，能用改磨的锪钻锪孔。

二、学习要求

1）熟练掌握用麻花钻改磨90°锥形锪钻和圆柱锪钻的方法。
2）掌握正确的锪孔方法。

三、工作任务

子任务一是麻花钻改磨锪钻，如图7-15a所示；子任务二是锪孔，如图7-16a所示。

1. 工件图

子任务一：麻花钻改磨锪钻

工件图如图7-15b、c所示。

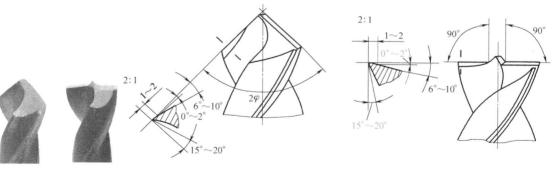

90°锥形锪钻　　圆柱锪钻

a) 实物图　　　　b) 麻花钻改磨90°锥形锪钻　　　　c) 麻花钻改磨圆柱锪钻

图7-15　工件图

子任务二：锪孔

工件图如图7-16b所示。任务准备表见表7-5。

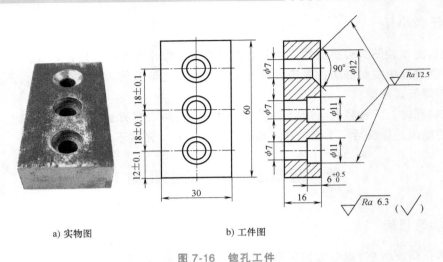

a) 实物图　　　　　　　　　　　　　b) 工件图

图 7-16　锪孔工件

表 7-5　任务准备表

名称	钢件的锪孔加工		材料	Q235	学时	
毛坯尺寸/mm	60×30×16		件数	1	转下一内容	—
工具、量具、刃具	锯弓、锯条、锉刀、90°角尺、游标高度卡尺、游标卡尺、千分尺、平板、V 形架、钻头、锪孔钻					

2. 任务分析

1）先用麻花钻改磨 90°锥形锪钻、圆柱锪钻，然后用改磨好锪钻锪孔。

2）工件外形尺寸按照 （60±0.05）mm×（30±0.05）mm×16mm 加工。

3）保证工件锪孔深度为 $6^{+0.5}_{0}$mm，锪孔时，要通过观察钻床上主轴的向下进给刻度尺寸来确定锪孔深度。

3. 实训步骤

（1）改磨锪钻　根据图 7-15 所示麻花钻改磨 90°锥形锪钻和圆柱锪钻的图示结构及几何参数进行刃磨。

（2）锪孔

1）划线。

2）钻孔。按划线位置钻 3 个 ϕ7mm 孔。

3）锪圆柱孔。锪孔前，选用标准麻花钻扩出一个台阶孔做导向，然后用改磨的圆柱锪钻锪至深度尺寸，并用 M6 的内六角螺钉做试配检查。

4）锪圆锥孔。用改磨的 90°锥形锪钻锪至深度尺寸，并用 M6 的沉头螺钉做试配检查。

4. 操作示范

锪孔方法：钻孔后，在不改变工件和机床主轴相互位置的情况下，立即换上锪孔钻锪孔，这样可使锪孔钻钻头轴线与孔钻的中心线重合。用不带导柱的锪钻锪柱形埋头孔时，必须先用标准麻花钻扩出一个台阶孔做导向，然后用平底钻锪至深度尺寸（图 7-17a）；或者先用平底钻锪至深度尺寸，然后用钻头顶尖找正锪钻时钻出的浅坑，使钻头轴线与孔钻的中心线重合后，再进行钻孔（图 7-17b）。

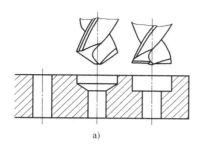
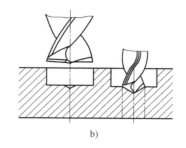

a)　　　　　　　　　　　　　　b)

图 7-17　锪孔方法

四、任务评价

完成练习后，根据表 7-6 进行自评和教师评分。

表 7-6　评分记录表

序号	考核内容	配分	评分标准	自评得分	教师评分
1	（18±0.1）mm（3 处）	2×10	超差全扣		
2	（12±0.1）mm	15	超差全扣		
3	$\phi7$mm、$\phi11$mm、$\phi12$mm（6 处）	6×5	超差全扣		
4	90°	10	超差全扣		
5	$Ra12.5\mu$m（3 处）	3×5	降低一级全扣		
6	安全文明生产		违者每次扣 2 分		
合计					

五、任务小结

1）锪孔时要避免出现振痕，其进给量为钻孔时的 2~3 倍，切削速度为钻孔时的 1/3~1/2。

2）尽量用较短的钻头改磨锪钻，并注意修磨前刀面来减小前角，以防止扎刀和振动；锪钢件上的孔时要加切削液。

3）锪孔后，工件的圆锥角和最大直径（或深度）要符合图样规定，一般在埋头螺钉装入后，应低于工件平面约 0.5mm。

<h2 style="text-align:center">学习活动 4　钢件上大直径孔的钻削加工</h2>

一、学习目标

能使用立式钻床、摇臂钻床钻削大直径孔。

二、学习要求

1）了解立式钻床、摇臂钻床的结构，并能熟练操作这两种钻床。
2）掌握钻削大直径孔的正确方法。

三、工作任务

钻削图 7-18a 所示钢件上的大直径孔。

1. 工件图

工件图如图 7-18b 所示。任务准备表见表 7-7。

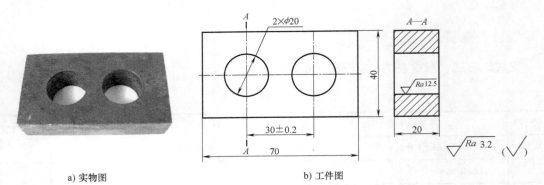

a) 实物图   b) 工件图

图 7-18 大直径孔的钢件

表 7-7 任务准备表

名称	钢件上大直径孔的钻削加工	材料	Q235	学时	
毛坯尺寸/mm	70×40×20	件数	1	转下一内容	—
工具、量具、刃具	锯弓、锯条、锉刀、90°角尺、游标高度卡尺、游标卡尺、千分尺、标准平板、V 形架、钻头				

2. 任务分析

1）本学习活动主要练习在钢件上钻削大直径孔的方法，工件外形可以不加工。
2）钻削大直径孔的设备可用立式钻床或摇臂钻床。
3）由于钻孔孔径较大，可先钻小孔后扩孔。

3. 实训步骤

1）按图 7-18b 所示工件图尺寸划孔的中心线，在孔中心位置打样冲眼。
2）在钻床工作台上夹紧工件。
3）找正钻孔位置，起动钻床进行钻孔加工。

4. 操作示范

先钻小孔后扩孔，如图 7-19 所示。

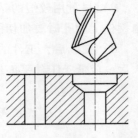

图 7-19 先钻小孔后扩孔

四、任务评价

完成练习后，根据表 7-8 进行自评和教师评分。

表 7-8 评分记录表

序号	考 核 内 容	配分	评 分 标 准	自评得分	教师评分
1	(30±0.2)mm	52	超差全扣		
2	$\phi20$mm(2 处)	2×12	超差全扣		
3	$Ra12.5\mu$m(2 处)	2×12	降低一级全扣		
4	安全文明生产		违者每次扣 2 分		
合计					

五、任务小结

钻削钢件的大直径孔时，要熟悉立式钻床、摇臂钻床的结构及操作方法。掌握钢件大直径孔的钻削的操作技能，是本学习活动的重点。

任务 8

锉配

学习活动 1　镶配件的制作

一、学习目标

学会镶配的锉配方法，能按照正确工艺制作镶配件，并达到工件的配合精度要求。

二、学习要求

1）熟练掌握镶配件的加工方法。
2）熟练掌握钻孔后，用修磨过的锯条锯削去除工件内表面余量的加工方法。

三、镶配的锉配方法

先加工子件（即镶嵌入被包容的工件），后加工母件（即包容件）。加工母件时，如果配合处与外形没有尺寸或对称度要求，一般先以子件为基准锉配母件内表面。加工母件内表面时，以子件外表面为基准逐面锉配，并使子件配入母件的一面开口大，像喇叭形，让子件整体能进入母件内表面 1～2mm，然后轻敲子件配入母件内表面，再轻敲出来，这时母件内表面将出现一些黑点，这是子件挤压母件内表面造成的，接着锉削黑点处。如此反复多次锉削母件内表面黑点（不能锉削子件上的黑点），直至子件配入母件后用手指按压能进能出，即可结束锉配，最后加工母件外形（此时是考虑母件有变形）。也可以先加工母件外形，再锉配母件内表面。

这种采用喇叭形配入的锉配方法称为喇叭形配入法。由于子件是镶嵌入母件内表面的，因此，这类锉配称为镶配。

四、工作任务

子活动（一）　长方形镶配件的制作

1. 工件图及技术要求

长方形镶配件如图 8-1 所示。任务准备表见表 8-1。

表 8-1　任务准备表

名称	长方形镶配件的制作	材料	Q235（或 45）	学时	
毛坯尺寸/mm	件Ⅰ：37×19×10 件Ⅱ：101×71×10	件数	各 1	转下一内容	件Ⅱ转到本学习活动的子活动（三）
工具、量具、刃具	锯弓、锯条（修磨）、钻头、锉刀（自定）、划线平板、靠铁、游标高度卡尺、游标卡尺、千分尺、90°角尺、塞尺、铜丝刷、铜钳口、毛刷				

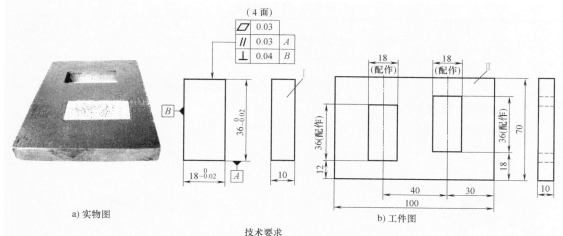

a) 实物图

b) 工件图

技术要求

以件Ⅰ为基准配锉件Ⅱ内表面，互换配合，配合间隙不大于0.05。

图 8-1　长方形镶配件

2. 任务分析

1）该子任务只加工件Ⅰ，配锉两次件Ⅱ内表面。配合处不能出现喇叭口，既不能太紧也不能太松，用手指按压子件能入能出即可。

2）由于本任务主要是练习锉配的方法，因此，考核内容是配合面的间隙，对件Ⅱ外形不做考核。

3）件Ⅱ内表面余量在钻孔后用修磨过的锯条锯削去除。

3. 实训步骤

1）按工件图尺寸加工件Ⅰ。

2）按工件图尺寸划件Ⅱ外形线。

3）在件Ⅱ上，按图 8-2a 所示位置钻 ϕ8mm 以上的孔，并用修磨过的锯条按图 8-2b 中的箭头方向锯削去除内表面余量。

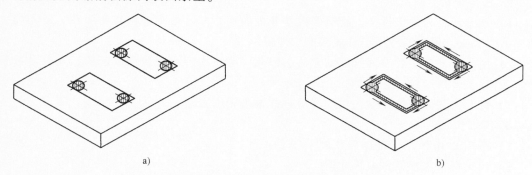

a)

b)

图 8-2　长方形镶配件钻孔及锯削图示

4）以件Ⅰ为基准，分别配锉件Ⅱ两内表面。

4. 任务评价

完成练习后，根据表 8-2 进行合格面数自评和教师评分。

表 8-2　练习记录表

考 核 内 容	评 定 方 法	自评合格面数	教师评合格面数
配合间隙不大于 0.05mm（8 处）	配合间隙符合要求		

子活动（二）　三角形镶配件的制作

1. 工件图及技术要求

三角形镶配件如图 8-3 所示。任务准备表见表 8-3。

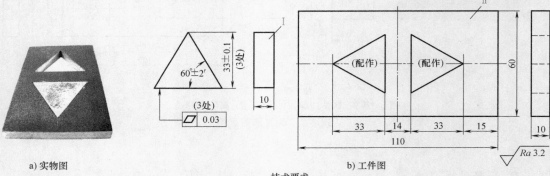

a) 实物图　　　　　　　　　　　　　　　　b) 工件图

技术要求

以件Ⅰ为基准配锉件Ⅱ内表面，互换配合，配合间隙不大于0.05。

图 8-3　三角形镶配件

表 8-3　任务准备表

名称	三角形镶配件的制作	材料	Q235（或 45）	学时	
毛坯尺寸/mm	件Ⅰ：42×36×10 件Ⅱ：111×61×10	件数	各 1	转下一内容	件Ⅱ转本学习 活动的子活动（四）
工具、量具、刃具	锯弓、锯条（修磨）、钻头、锉刀（自定）、划线平板、靠铁、游标高度卡尺、游标卡尺、千分尺、90° 角尺、游标万能角度尺、塞尺、铜丝刷、铜钳口、毛刷				

2. 任务分析

1）该子任务只加工件Ⅰ，配锉两次件Ⅱ内表面。配合处不能出现喇叭口，既不能太紧也不能太松，用手指按压子件能入能出即可。

2）由于本任务主要练习锉配的方法，因此，考核内容是配合面的间隙，对件Ⅱ外形不做考核。

3）件Ⅱ内表面余量在钻孔后用修磨过的锯条锯削去除。

3. 实训步骤

1）按图 8-3b 所示工件图尺寸加工件Ⅰ。

2）按工件图尺寸划件Ⅱ尺寸线。

3）在件Ⅱ上，按图 8-4a 所示位置钻 $\phi8$mm 以上的孔，并用修磨过的锯条按图 8-4b 中的箭头方向锯削去除内表面余量。

4）以件Ⅰ为基准，分别配锉件Ⅱ两内表面。

4. 任务评价

完成练习后，根据表 8-4 进行合格面数自评和教师评分。

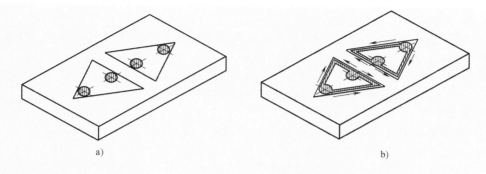

图 8-4 三角形镶配件钻孔及锯削图示

表 8-4 练习记录表

考 核 内 容	评 定 方 法	自评合格面数	教师评合格面数
配合间隙不大于 0.05mm（6 处）	配合间隙符合要求		

子活动（三） ⊥形镶配件的制作

1. 工件图及技术要求

⊥形镶配件如图 8-5 所示。任务准备表见表 8-5。

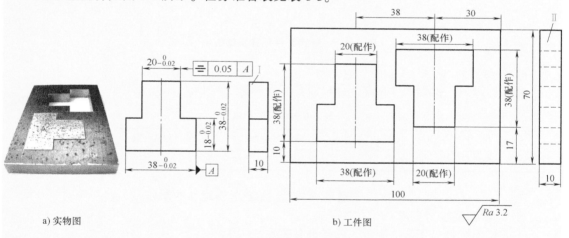

a) 实物图　　　　　　　　　b) 工件图

技术要求

以件Ⅰ为基准配锉件Ⅱ内表面，互换配合，配合间隙不大于0.05。

图 8-5 ⊥形镶配件

表 8-5 任务准备表

名称	⊥形镶配件的制作	材料	Q235（或 45）	学时	
毛坯尺寸	件Ⅰ由任务6的学习活动7转来　件Ⅱ由本任务的子活动（一）转来	件数	各 1	转下一内容	—
工具、量具、刃具	锯弓、锯条（修磨）、钻头、锉刀（自定）、划线平板、靠铁、游标高度卡尺、游标卡尺、千分尺、90°角尺、塞尺、铜丝刷、铜钳口、毛刷				

2. 任务分析

1）该子任务只加工件Ⅰ，配锉两次件Ⅱ内表面。配合处不能出现喇叭口，既不能太紧也不能太松，用手指按压子件能入能出即可。

2）由于本任务主要练习锉配的方法，因此，考核内容是配合面的间隙。

3）件Ⅱ内表面余量在钻孔后用修磨过的锯条锯削去除。

3. 实训步骤

1）按图8-5b所示工件图尺寸加工件Ⅰ。

2）按工件图尺寸划件Ⅱ尺寸线。

3）在件Ⅱ上，按图8-6a所示位置钻孔，并按图8-6b中的箭头方向锯削去除内表面余量。

4）以件Ⅰ为基准，分别配锉件Ⅱ两内表面。

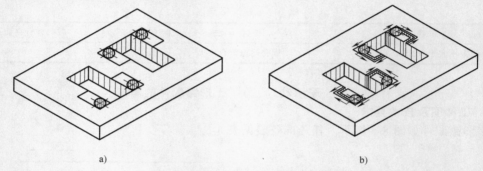

a)   b)

图8-6 ⊥形镶配件钻孔及锯削图示

4. 任务评价

完成练习后，根据表8-6进行合格面数自评和教师评分。

表8-6 练习记录表

考 核 内 容	评 定 方 法	自评合格面数	教师评合格面数
配合间隙不大于0.05mm（16处）	配合间隙符合要求		

子活动（四） 正方形镶配件的制作

1. 工件图及技术要求

正方形镶配件如图8-7所示。任务准备表见表8-7。

表8-7 任务准备表

名称	正方形镶配件的制作	材料	Q235（或45）	学时	
毛坯尺寸/mm	件Ⅰ:41×41×10 件Ⅱ由本学习活动的 子任务（二）转来	件数	各1	转下一内容	—
工具、量具、刃具	锯弓、锯条（修磨）、钻头、锉刀（自定）、划线平板、靠铁、游标高度卡尺、游标卡尺、千分尺、90°角尺、塞尺、铜丝刷、铜钳口、毛刷				

2. 任务分析

1）该子任务只加工件Ⅰ，锉配两次件Ⅱ内表面。配合处不能出现喇叭口，既不能太

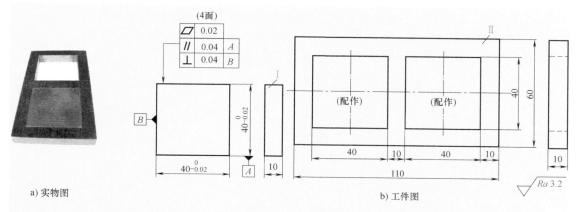

a) 实物图　　　　　　　　　　　　　　　　　　　　b) 工件图

技术要求

以件Ⅰ为基准配锉件Ⅱ内表面，互换配合，配合间隙不大于0.05。

图 8-7　正方形镶配件

紧也不能太松，用手指按压子件能入能出即可。

2）由于本任务主要练习锉配的方法，因此，考核内容是配合面的间隙。

3）件Ⅱ内表面余量在钻孔后用修磨过的锯条锯削去除。

3. 实训步骤

1）按图 8-7b 所示工件图尺寸加工件Ⅰ。

2）按工件图尺寸划件Ⅱ尺寸线。

3）在件Ⅱ上，按图 8-8a 所示位置钻 ϕ8mm 以上的孔，并用修磨过的锯条按图 8-8b 中的箭头方向锯削去除内表面余量。

4）以件Ⅰ为基准，分别配锉件Ⅱ两内表面。

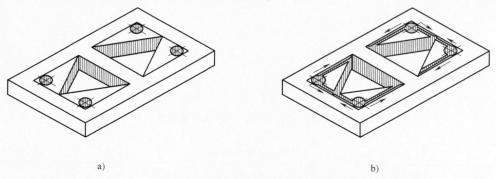

a)　　　　　　　　　　　　　　　　　　　　b)

图 8-8　正方形镶配件钻孔及锯削图示

4. 任务评价

完成练习后，根据表 8-8 进行合格面数自评和教师评分。

表 8-8　练习记录表

考 核 内 容	评 定 方 法	自评合格面数	教师评合格面数
配合间隙不大于 0.05mm（8 处）	配合间隙符合要求		

子活动（五）　正五边形、正六边形镶配件的制作

1. 工件图及技术要求

正五边形、正六边形镶配件如图 8-9 所示。任务准备表见表 8-9。

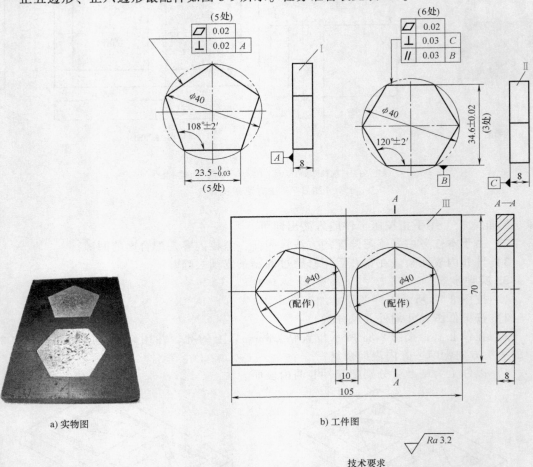

a) 实物图　　　　　　　　　b) 工件图

$$\sqrt{Ra\,3.2}$$

技术要求

以件Ⅰ、Ⅱ为基准配锉件Ⅲ内表面，互换配合，配合间隙不大于0.05。

图 8-9　正五边形、正六边形镶配件

表 8-9　任务准备表

名称	正五边形、正六边形镶配件的制作	材料	Q235（或45）	学时	
毛坯尺寸/mm	件Ⅰ由任务6的学习活动10转来 件Ⅱ由任务6的学习活动9转来 件Ⅲ：106×71×10	件数	各1	转下一内容	—
工具、量具、刃具	锯弓、锯条（修磨）、钻头、锉刀（自定）、划线平板、靠铁、游标高度卡尺、游标卡尺、千分尺、90°角尺、游标万能角度尺、塞尺、铜丝刷、铜钳口、毛刷				

2. 任务分析

1）件Ⅰ由任务六的学习活动10转来，件Ⅱ由任务六的学习活动9转来。

2）由于本任务主要练习锉配的方法，因此，考核内容是配合面的间隙，对件Ⅲ外形

不做考核。

3）件Ⅱ内表面余量在钻孔后用修磨过的锯条锯削去除。

3. 实训步骤

1）按图 8-9b 所示工件图尺寸加工件Ⅰ、件Ⅱ。

2）按工件图尺寸划件Ⅲ尺寸线。

3）在件Ⅲ上，按图 8-10a 所示位置钻孔，并按图 8-10b 中的箭头方向锯削去除内表面余量。

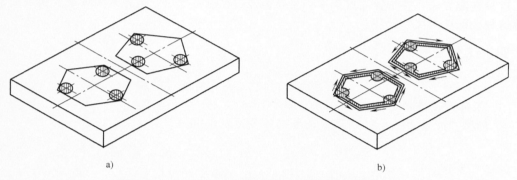

a)   b)

图 8-10 正五边形、正六边形镶配件钻孔及锯削图示

4）以件Ⅰ、件Ⅱ为基准，分别配锉件Ⅲ上的正五边形、正六边形内表面。

4. 任务评价

完成练习后，根据表 8-10 进行合格面数自评和教师评分。

表 8-10 练习记录表

考核内容	评定方法	自评合格面数	教师评合格面数
配合间隙不大于 0.05mm（11 处）	配合间隙符合要求		

五、任务小结

镶配是钳工锉配中的一种类型，其操作要点是：首先，子件的加工精度要高，特别是对于子件有互换配合的要求；其次，用喇叭形配入子件的方法要正确，避免刚开始出现间隙过大的情况。

学习活动 2 尺寸配件的制作

一、学习目标

学会尺寸配件的锉配方法，能按照正确工艺进行制作，并达到工件的配合精度要求。

二、学习要求

1）熟练掌握尺寸配件的加工方法。

2）熟练掌握尺寸配件加工过程中尺寸链的计算方法。

三、尺寸配件的锉配方法

先加工工件外形尺寸，再根据图样尺寸划线，由于工件不能锯断后锉配，因此，应先加工有尺寸公差要求的一端（一般是工件凸形的部分），保证工件的尺寸公差和几何公差。然后加工另一端（一般是工件凹形的部分），这一端通常不标注尺寸公差，因此，加工前应根据尺寸链计算出控制的尺寸值及其偏差，再根据计算值锉削以控制尺寸公差，最后划线锯削去除余量。

这种锉配方法在整个锉配过程中，主要是通过控制各个尺寸公差来保证配合精度的，因此称这种锉配件为尺寸配件。

四、工作任务

子活动（一） ⊥形尺寸配件的制作

1. 工件图及技术要求

⊥形尺寸配件如图 8-11 所示。任务准备表见表 8-11。

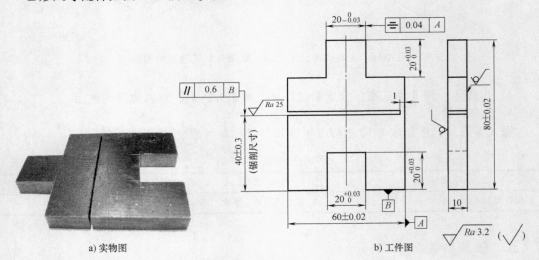

a) 实物图　　　　　　　　　　　　　　　　　　b) 工件图

技术要求
1. 工件不得锯断后配锉，否则不得分。
2. 教师评分时锯断配入，互换配合，配合间隙不大于0.06，错位量不大于0.08。

图 8-11 ⊥形尺寸配件

表 8-11 任务准备表

名称	⊥形尺寸配件的制作	材料	Q235（或 45）	学时	
毛坯尺寸/mm	61×81×10	件数	1	转下一内容	—
工具、量具、刃具	锯弓、锯条（修磨）、钻头、锉刀（自定）、划线平板、靠铁、游标高度卡尺、游标卡尺、千分尺、90°角尺、塞尺、铜丝刷、铜钳口、毛刷				

2. 任务分析

1）根据尺寸配件的锉配方法，先加工工件外形，后根据图样尺寸加工凸形的部分，然后加工凹形的部分，最后锯削。工件不能锯断后锉配，教师评分时方能锯断配入进行测评。工件配入不能太紧或太松，用手指按压或轻打能进能出即可。

2）为了保证工件对称度及配合间隙的要求，加工前要进行尺寸链计算。

3）工件内表面余量，在钻孔后用修磨过的锯条锯削去除。

3. 实训步骤

1）按图 8-11b 所示工件图尺寸加工工件外形。

2）按工件图尺寸划线。

3）加工工件的凸形部分。按典型工件中锉削 ⊥ 形工件的工艺进行加工，其中两处深度尺寸 $20^{+0.03}_{0}$ mm 可以采用深度千分尺直接测量，也可以采用外径千分尺间接测量。例如，图 8-12 中的两处 A_1 尺寸，其值等于工件外形高度实际尺寸减去深度尺寸 $20^{+0.03}_{0}$ mm。

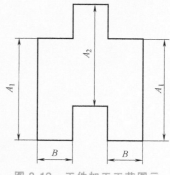

4）加工工件的凹形部分。钻孔后锯削去余量，锉削时要控制 A_2 和两处 B 尺寸，其中 A_2 和 A_1 尺寸及其公差要相同，B 尺寸等于工件实际宽度尺寸减去 $20^{+0.03}_{0}$ mm 所得值再除以 2。

图 8-12　工件加工工艺图示

5）锯削以控制尺寸（40±0.3）mm。

4. 任务评价

完成练习后，根据表 8-12 进行自评和教师评分。

表 8-12　评分记录表

序号	考核内容	配分	评分标准	检测结果	自评得分	教师评分
1	$20^{+0.03}_{0}$ mm（4 处）	4×5	超差全扣			
2	$20^{0}_{-0.03}$ mm	5	超差全扣			
3	（80±0.02）mm	5	超差全扣			
4	（60±0.02）mm	5	超差全扣			
5	（40±0.3）mm	5	超差全扣			
6	⚌ 0.04 A	5	超差全扣			
7	∥ 0.6 B	5	超差全扣			
8	互换配合间隙不大于 0.06mm（10 处）	10×3	超差一处扣 3 分			
9	$Ra3.2\mu m$（14 处）	14×1	降低一级全扣			
10	错位量不大于 0.08mm	6	超差全扣			
11	安全文明生产		违者扣 1~5 分			
合计						

子活动（二）　多阶梯尺寸配件的制作

1. 工件图及技术要求

多阶梯尺寸配件如图 8-13 所示。任务准备表见表 8-13。

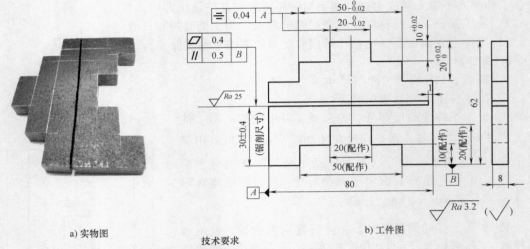

a) 实物图

技术要求

b) 工件图

1.工件不得锯断后配锉，否则不得分。

2.教师评分时锯断配入，互换配合，配合间隙不大于0.05，错位量不大于0.06。

图 8-13　多阶梯尺寸配件

表 8-13　任务准备表

名称	多阶梯尺寸配件的制作	材料	Q235（或 45）	学时	
毛坯尺寸/mm	81×63×8	件数	1	转下一内容	—
工具、量具、刃具	锯弓、锯条（修磨）、钻头、锉刀（自定）、划线平板、靠铁、游标高度卡尺、游标卡尺、千分尺、90°角尺、量块、杠杆表及表座、塞尺、铜丝刷、铜钳口、毛刷				

2. 任务分析

1）根据尺寸配件的锉配方法，先加工工件外形，再根据图样尺寸加工凸形的部分，然后加工凹形的部分，最后锯削。工件不能锯断后锉配，教师评分时方能锯断配入进行测评。工件配入不能太紧或太松，用手指按压或轻打能进能出即可。

2）为了保证工件对称度及配合间隙的要求，加工前要进行尺寸链计算。本工件与子任务（一）中的工件都是尺寸配件，但本工件凹形部分的尺寸未标注公差，这些尺寸要进行尺寸链计算后才能测量，由于两个工件凹形部分的尺寸标注不同，因此其计算方法也不同，练习过程中要加以区别。

3）工件内表面余量，在钻孔后用修磨过的锯条锯削去除。

3. 实训步骤

1）按图 8-13b 所示工件图尺寸加工工件外形，图中未标注外形尺寸公差，为了保证尺寸精度，应按 ±0.02mm 的允许误差进行加工。

2）按工件图尺寸划线。

3）加工工件的凸形部分（略，与前一工件方法相同）。

4）加工工件的凹形部分。钻孔后锯削去余量，最后锉削。锉削加工时，需要测量图 8-14 中的尺寸 A 和 B，其值要用尺寸链法计算。例如，计算尺寸 A 时，尺寸链简图如图 8-15 所示，其中 Δ 为封闭环尺寸，其大小等于配合间隙 0.05mm，C 为 $20_{-0.02}^{0}$ mm，L 为工件实际宽度尺寸，按尺寸链计算方法即可得到 A 的值，再以同样方法计算 B 的值。A_{max} $=(L-20)/2$；$A_{min}=(L-0.05-19.98)/2$；$B_{max}=(L-50)/2$；$B_{min}=(L-0.05-49.98)/2$。

5）锯削以控制尺寸（$30±0.4$）mm。

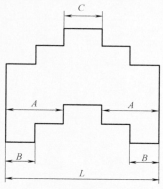

图 8-14 工件加工工艺图示

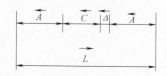

图 8-15 尺寸链简图

4. 任务评价

完成练习后，根据表 8-14 进行自评和教师评分。

表 8-14 评分记录表

序号	考核内容	配分	评分标准	检测结果	自评得分	教师评分
1	$50_{-0.02}^{0}$ mm	5	超差全扣			
2	$20_{0}^{+0.02}$ mm（2 处）	2×5	超差全扣			
3	$20_{-0.02}^{0}$ mm	5	超差全扣			
4	$10_{0}^{+0.02}$ mm（2 处）	2×5	超差全扣			
5	（$30±0.4$）mm	5	超差全扣			
6	▱ 0.4	3	超差全扣			
7	∥ 0.5 B	3.5	超差全扣			
8	⌯ 0.04 A（2 处）	2×4	超差全扣			
9	$Ra3.2\mu m$（21 处）	21×0.5	降低一级全扣			
10	互换配合间隙不大于 0.05mm（18 处）	18×2	超差一处扣 2 分			
11	错位量不大于 0.06mm	4	超差全扣			
12	安全文明生产		违者扣 1~5 分			
合计						

子活动（三） 燕尾尺寸配件的制作

1. 工件图及技术要求

燕尾尺寸配件如图 8-16 所示。任务准备表见表 8-15。

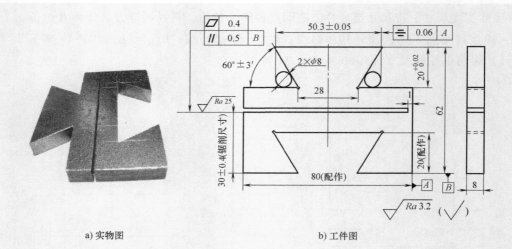

a) 实物图   b) 工件图

技术要求
1.工件不得锯断后配锉，否则不得分。
2.教师评分时锯断配入，互换配合，配合间隙不大于0.05，错位量不大于0.06。

图 8-16 燕尾尺寸配件

表 8-15 任务准备表

名称	燕尾尺寸配件的制作	材料	Q235（或 45）	学时	
毛坯尺寸/mm	81×63×8	件数	1	转下一内容	—
工具、量具、刃具	锯弓、锯条（修磨）、钻头、锉刀（自定）、划线平板、靠铁、游标高度卡尺、游标卡尺、千分尺、90°角尺、游标万能角度尺、量块、正弦规、杠杆百分表及表座、塞尺、铜丝刷、铜钳口、毛刷				

2. 任务分析

1）根据尺寸配件的锉配方法，先加工工件外形，再根据图样尺寸加工凸形的部分，然后加工凹形的部分，最后锯削。工件不能锯断后锉配，教师评分时方能锯断配入进行测评。工件配入不能太紧或太松，用手指按压或轻打能进能出即可。

2）为了保证工件对称度及配合间隙的要求，加工前要进行尺寸链计算。

3）工件内表面余量，在钻孔后用修磨过的锯条锯削去除。

3. 实训步骤

1）按图 8-16b 所示工件图尺寸加工工件外形，图中未标注外形尺寸公差，为了保证尺寸精度，应按±0.02mm 的允许误差进行加工。

2）按工件图尺寸划线。

3）加工工件的凸形部分。按典型工件中锉削燕尾件的步骤进行加工。

4）加工工件的凹形部分。钻孔后锯削去余量，最后锉削。锉削时，要测量图 8-17 中的两处 M 尺寸，因此，测量前需要计算尺寸 B。$B=[(80-28)/2-20\tan60°]$，$M=B+R+R/0.577-(0.05/0.866)/2$，其中 R 为检验棒直径。

5）锯削以控制尺寸（30±0.4）mm。

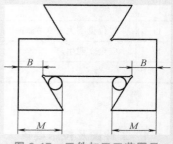

图 8-17 工件加工工艺图示

4. 任务评价

完成练习后，根据表 8-16 进行自评和教师评分。

表 8-16 评分记录表

序号	考核内容	配分	评分标准	检测结果	自评得分	教师评分
1	(50.3 ± 0.05)mm	6	超差全扣			
2	$20^{+0.02}_{0}$mm（2处）	2×6	超差全扣			
3	$60°\pm3'$（2处）	2×6	超差全扣			
4	$\equiv$ | 0.06 | A	6	超差全扣			
5	$\parallel$ | 0.5 | B	5	超差全扣			
6	$\square$ | 0.4	5	超差全扣			
7	(30 ± 0.4)mm	6	超差全扣			
8	$Ra3.2\mu m$（12处）	12×1	降低一级全扣			
9	互换配合间隙不大于 0.05mm（10处）	10×3	超差一处扣 3 分			
10	错位量不大于 0.06mm	6	超差全扣			
11	安全文明生产		违者扣 1~5 分			
合计						

子活动（四） 山形半圆尺寸配件的制作

1. 工件图及技术要求

山形半圆尺寸配件如图 8-18 所示。任务准备表见表 8-17。

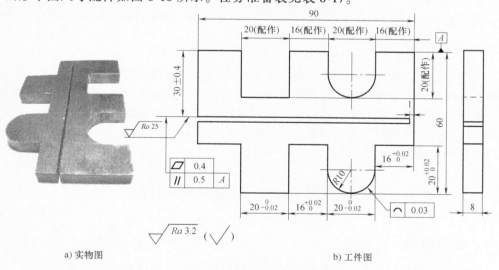

a) 实物图   b) 工件图

技术要求

1. 工件不得锯断后配锉。
2. 教师评分时锯断配入，互换配合，配合间隙不大于0.05，错位量不大于0.06。

图 8-18 山形半圆尺寸配件

表 8-17　任务准备表

名称	山形半圆尺寸配件的制作	材料	Q235(或 45)	学时	
毛坯尺寸/mm	91×61×8	件数	1	转下一内容	—
工具、量具、刃具	锯弓、锯条(修磨)、钻头、锉刀(自定)、划线平板、靠铁、游标高度卡尺、游标卡尺、千分尺、90°角尺、塞尺、铜丝刷、铜钳口、毛刷				

2. 任务评价

完成练习后，根据表 8-18 进行自评和教师评分。

表 8-18　评分记录表

序号	考核内容	配分	评分标准	检测结果	自评得分	教师评分
1	$20^{+0.02}_{0}$ mm(3 处)	3×5	超差全扣			
2	$20^{0}_{-0.02}$ mm(2 处)	2×6	超差全扣			
3	$16^{+0.02}_{0}$ mm(2 处)	2×6	超差全扣			
4	⌒ 0.03	4	超差全扣			
5	▱ 0.4	4	超差全扣			
6	∥ 0.5 A	4	超差全扣			
7	(30±0.4)mm	6	超差全扣			
8	$Ra3.2\mu m$(20 处)	20×0.5	降低一级全扣			
9	互换配合间隙不大于 0.05mm (9 处)	9×3	超差一处扣 3 分			
10	错位量不大于 0.06mm	6	超差全扣			
11	安全文明生产		违者扣 1~5 分			
合计						

五、任务小结

尺寸配件是钳工的又一种锉配工件，其锉配方法主要是通过控制各尺寸公差，来保证配合间隙。因此，加工过程中尺寸公差的控制较为重要，但有的工件图上某些尺寸未标注尺寸公差，需要通过计算才能得到，所以要掌握这些尺寸公差的计算方法。除此之外，各配合面的平面度、垂直度及清角工作也很重要，如果控制得不好，会出现工件锯断后凸件配不进凹件内表面或配合间隙过大的现象。

学习活动 3　对配件的制作

一、学习目标

学会对配件的锉配方法，能按照正确工艺制作对配件，并达到配合精度要求。

二、学习要求

1) 熟练掌握各种对配件的加工方法。

2）掌握对配件的加工步骤。

三、对配件的配锉方法

先加工好有尺寸精度要求的凸件，然后以凸件为基准配锉凹件。配锉凹件时，可以采用镶配方法或尺寸配方法，应根据工件情况而定。凸件与凹件配合，通常要保证外形尺寸以及错位量等要求，因此，要注意控制好各尺寸公差。加工凸件或凹件时，一般先加工外形尺寸，再划线，最后按图样要求加工。

这类配锉件通常是开口的，而且是两件相对配入的，因此称这种配锉件为对配件。

四、工作任务

子活动（一） 阶梯对配件的制作

1. 工件图及技术要求

阶梯对配件如图 8-19 所示。任务准备表见表 8-19。

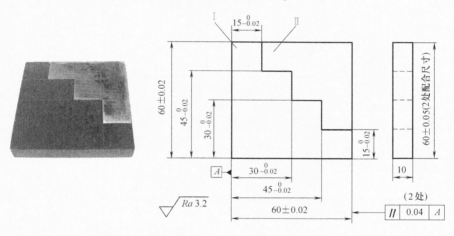

a) 实物图　　　　　　　　b) 工件图

技术要求

件Ⅱ以件Ⅰ为基准配锉，互换配合，间隙不大于0.05，错位量不大于0.06。

图 8-19　阶梯对配件

表 8-19　任务准备表

名称	阶梯对配件的制作	材料	Q235（或 45）	学时	
毛坯尺寸/mm	件Ⅰ：61×61×10 件Ⅱ：46×46×10	件数	各 1	转下一内容	—
工具、量具、刃具	锯弓、锯条（修磨）、钻头、锉刀（自定）、划线平板、靠铁、游标高度卡尺、千分尺、90°角尺、塞尺、铜丝刷、铜钳口、毛刷				

2. 任务分析

1）先加工好有尺寸公差要求的件Ⅰ，然后以件Ⅰ为基准配锉件Ⅱ。

2）对于本子活动中这种全开放式对配件的加工，应主要控制件Ⅰ上各加工面的尺寸公差、平面度、垂直度、清角，除此之外，件Ⅱ上各加工面的尺寸公差、平面度、垂直度、清角要求同样重要，控制得不好会影响工件配合精度。

3. 实训步骤

1）加工件Ⅰ。划线后锯削去余量，按图 8-19b 所示工件图尺寸进行加工。

2）加工件Ⅱ。划线后锯削去余量，锉削加工时要测量尺寸，件Ⅱ上每面的尺寸等于件Ⅰ实际外形尺寸减去件Ⅱ与该面相配合面上尺寸的差。

3）件Ⅰ、件Ⅱ相配，根据配合情况修锉件Ⅱ加工表面。

4. 任务评价

完成练习后，根据表 8-20 进行自评和教师评分工作。

表 8-20 评分记录表

序号	考核内容	配分	评分标准	检测结果	自评得分	教师评分
1	$15_{-0.02}^{0}$ mm（2 处）	2×4	超差全扣			
2	$30_{-0.02}^{0}$ mm（2 处）	2×4	超差全扣			
3	$45_{-0.02}^{0}$ mm（2 处）	2×4	超差全扣			
4	（60±0.02）mm（2 处）	2×4	超差全扣			
5	（60±0.05）mm（2 处）	2×4	超差全扣			
6	‖ 0.04 A （2 处）	2×4	超差全扣			
7	$Ra3.2\mu m$（18 处）	18×0.5	降低一级全扣			
8	配合间隙不大于 0.05mm（12 处）	12×3	超差一处扣 3 分			
9	错位量不大于 0.06mm（2 处）	2×3.5	超差全扣			
10	安全文明生产		违者扣 1~5 分			
	合计					

子活动（二） 拼块对配件制作

1. 工件图及技术要求

拼块对配件如图 8-20 所示。任务准备表见表 8-21。

表 8-21 任务准备表

名称	拼块对配件制作	材料	Q235（或 45）	学时	
毛坯尺寸/mm	件Ⅰ：61×61×10 件Ⅱ：46×46×10	件数	各 1	转下一内容	—
工具、量具、刃具	锯弓、锯条(修磨)、钻头、铰刀、铰杠、锉刀(自定)、划线平板、靠铁、游标高度卡尺、游标卡尺、千分尺、90°角尺、游标万能角度尺、塞尺、铜丝刷、铜钳口、毛刷				

2. 任务分析

1）先加工好有尺寸公差要求的件Ⅰ，然后以件Ⅰ为基准配锉件Ⅱ。

2）注意配合面的平面度、垂直度及清角要求。

3. 实训步骤

（1）加工件Ⅰ 划线后锯削去余量，再按图 8-20b 所示工件图尺寸进行加工，最后钻孔。也可以在锉削斜面前先钻孔，然后锉削控制尺寸（11±0.08）mm。

a）实物图

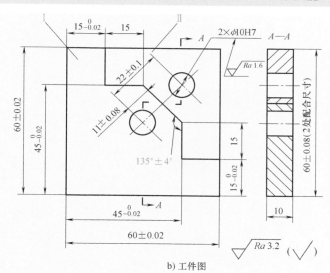

b）工件图

技术要求

件Ⅱ以件Ⅰ为基准配锉，互换配合，间隙不大于0.05，错位量不大于0.06。

图 8-20 拼块对配件

（2）加工件Ⅱ 划线、钻孔后锯削去余量，先锉削加工两处 15mm 尺寸的表面，后锉削斜面，锉削时根据件Ⅰ和件Ⅱ的配合情况进行修锉，直至件Ⅱ互换配合，间隙都符合要求为止，最后钻孔及铰孔。

4. 任务评价

完成练习后，根据给出的标准进行自评和教师评分工作，填写表8-22。

表 8-22 评分记录表

序号	考 核 内 容	配分	评 分 标 准	检测结果	自评得分	教师评分
1	(60 ± 0.02) mm（2 处）	2×4	超差全扣			
2	$45_{-0.02}^{0}$ mm（2 处）	2×4	超差全扣			
3	$15_{-0.02}^{0}$ mm（2 处）	2×4	超差全扣			
4	(60 ± 0.08) mm（2 处）	2×4	超差全扣			
5	(22 ± 0.1) mm	6	超差全扣			
6	(11 ± 0.08) mm	6	超差全扣			
7	$135°\pm4'$（2 处）	2×4	超差全扣			
8	$\phi10H7$（2 处）	2×2	超差全扣			
9	$Ra1.6\mu m$（2 处）	2×1	降低一级全扣			
10	$Ra3.2\mu m$（16 处）	16×0.5	降低一级全扣			
11	配合间隙不大于 0.05mm（10 处）	10×3	超差一处扣 3 分			
12	错位量不大于 0.06mm（2 处）	2×2	超差全扣			
13	安全文明生产		违者扣 1~5 分			
合计						

子活动（三） 燕尾对配件制作

1. 工件图及技术要求

燕尾对配件如图 8-21 所示。任务准备表见表 8-23。

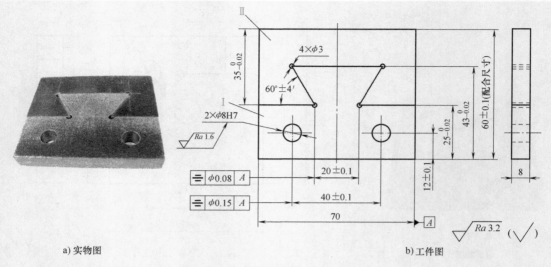

a) 实物图　　　　　　　　　　　　　　　　　　　　　b) 工件图

技术要求

件Ⅱ以件Ⅰ为基准配锉，互换配合，间隙不大于0.05，错位量不大于0.06。

图 8-21　燕尾对配件

表 8-23　任务准备表

名称	燕尾对配件制作		材料	Q235（或 45）	学时	
毛坯尺寸/mm	件Ⅰ：71×44×8 件Ⅱ：71×36×8		件数	各 1	转下一内容	—
工具、量具、刃具	锯弓、锯条（修磨）、钻头、铰刀、铰杠、锉刀（自定）、划线平板、靠铁、游标高度卡尺、游标卡尺、千分尺、90°角尺、游标万能角度尺、塞尺、铜丝刷、铜钳口、毛刷					

2．任务分析

1）类似本工件图这种不是全开放式的对配，先加工凸件（件Ⅰ），最后修配时，可采用以凸件（件Ⅰ）为基准，配锉凹件（件Ⅱ）的内表面，即镶配的方法进行锉配。

2）以件Ⅰ为基准锉配件Ⅱ时，应注意件Ⅱ的外形尺寸不要变大。

3．实训步骤

（1）加工件Ⅰ　按典型工件中锉削燕尾件的方法加工，然后钻孔及铰孔。

（2）加工件Ⅱ　划线后锯削去余量，最后锉削。燕尾件内表面锉削过程中测量的尺寸要进行计算，计算方法与图 8-14 所示的相同。

4．任务评价

完成练习后，根据表 8-24 进行自评和教师评分工作。

表 8-24　评分记录表

序号	考核内容	配分	评分标准	检测结果	自评得分	教师评分
1	$35_{-0.02}^{0}$ mm	4	超差全扣			
2	$43_{-0.02}^{0}$ mm	4	超差全扣			
3	$25_{-0.02}^{0}$ mm（2 处）	2×4	超差全扣			
4	（20±0.1）mm	4	超差全扣			

（续）

序号	考核内容	配分	评分标准	检测结果	自评得分	教师评分
5	（60±0.1）mm	4	超差全扣			
6	60°±4′（2处）	2×5	超差全扣			
7	⊜ φ0.08 A	4	超差全扣			
8	⊜ φ0.15 A	4	超差全扣			
9	（40±0.1）mm	4	超差全扣			
10	（12±0.1）mm（2处）	2×3	超差全扣			
11	φ8H7（2处）	2×2	超差全扣			
12	Ra1.6μm（2处）	2×1	降低一级全扣			
13	Ra3.2μm（16处）	16×0.5	降低一级全扣			
14	配合间隙不大于0.05mm（10处）	10×3	超差一处扣3分			
15	错位量不大于0.06mmm	4	超差全扣			
16	安全文明生产		违者扣1~5分			
合计						

子活动（四） 凸半圆对配件制作（测验）

1. 工件图及技术要求

凸半圆对配件如图8-22所示。任务准备表见表8-25。

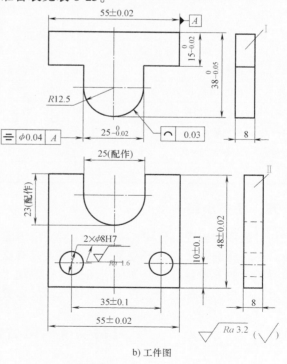

a) 实物图   b) 工件图

技术要求

件Ⅱ以件Ⅰ为基准配锉，互换配合，间隙不大于0.05，错位量不大于0.06。

图 8-22 凸半圆对配件

表 8-25　任务准备表

名称	凸半圆对配件制作		材料	Q235（或 45）	学时	
毛坯尺寸/mm	件 I：56×40×8 件 II：56×49×8		件数	各 1	转下一内容	—
工具、量具、刃具	锯弓、锯条（修磨）、钻头、铰刀、铰杠、锉刀（自定）、划线平板、靠铁、游标高度卡尺、游标卡尺、千分尺、90°角尺、半径样板、塞尺、铜丝刷、铜钳口、毛刷					

2. 任务评价

完成练习后，根据表 8-26 进行自评和教师评分工作。

表 8-26　评分记录表

序号	考核内容	配分	评分标准	检测结果	自评得分	教师评分
1	$(55\pm0.02)\,\text{mm}$（2 处）	2×4	超差全扣			
2	$38_{-0.05}^{0}\,\text{mm}$	5	超差全扣			
3	$15_{-0.02}^{0}\,\text{mm}$（2 处）	2×4	超差全扣			
4	$25_{-0.02}^{0}\,\text{mm}$	5	超差全扣			
5	≡ $\phi0.04$ | A	6	超差全扣			
6	⌒ 0.03	5	超差全扣			
7	$(10\pm0.1)\,\text{mm}$（2 处）	2×2	超差全扣			
8	$(35\pm0.1)\,\text{mm}$	5	超差全扣			
9	$(48\pm0.02)\,\text{mm}$	5	超差全扣			
10	$\phi8\text{H}7$（2 处）	2×2	超差全扣			
11	$Ra1.6\,\mu\text{m}$（2 处）	2×1	降低一级全扣			
12	$Ra3.2\,\mu\text{m}$（16 处）	16×0.5	降低一级全扣			
13	互换配合间隙≤0.05mm（10 处）	10×3	超差一处扣 3 分			
14	错位量≤0.06mm	5	超差全扣			
15	安全文明生产		违者扣 1～5 分			
	合计					

五、任务小结

在对配件的锉配过程中，有的工件要采用镶配方法，有的工件要采用尺寸配方法，练习时应对不同锉配方法加以区分及正确应用，只有这样才能保证锉配工件的配合精度。因此，本学习活动的重点就是学会如何应用这些技能加工对配件。由于对配件配入处是开放式的，配入过程中用力不能过大，否则会出现外形尺寸变大的现象。

学习活动 4　组合配件的制作

一、学习目标

会组合配件的锉配方法，能按照正确工艺进行制作，达到工件的配合精度要求。

二、学习要求

1）熟练掌握组合配件的加工方法。
2）熟练掌握组合配件加工过程中钻孔的方法。

三、组合配件的锉配方法

组合配件是由多个工件，通过圆柱销、螺栓、螺母或螺钉连接成一体的锉配件。配合处常采用镶配或对配形式，因此，其锉配方法根据配合形式不同，采用镶配或对配方法加工，然后进行配钻、铰孔、攻螺纹，最后进行装配、调整。

四、工作任务

子活动（一）　三角形组合配件制作

1. 工件图及技术要求

三角形组合配件如图8-23所示。任务准备表见表8-27。

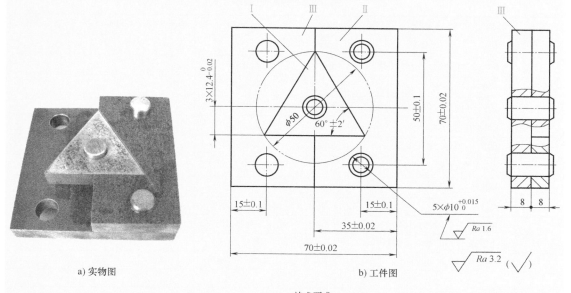

a) 实物图　　　　　　　　　　　　　　b) 工件图

技术要求

1.件Ⅱ以件Ⅰ为基准配锉，件Ⅰ配入件Ⅱ内表面后可任意互换，并能同时插入三根φ8×18的标准圆柱销。
2.件Ⅰ和件Ⅱ的配合间隙不大于0.04。

图8-23　三角形组合配件

表8-27　任务准备表

名称	三角形组合配件制作	材料	Q235（或45）	学时	
毛坯尺寸/mm	件Ⅰ：φ50×8 件Ⅱ：71×36×8 件Ⅲ：71×71×8	件数	各1	转下一内容	—
工具、量具、刃具	锯弓、锯条（修磨）、钻头、铰刀、铰杠、锉刀（自定）、划线平板、靠铁、游标高度卡尺、游标卡尺、千分尺、90°角尺、游标万能角度尺、φ8mm×18mm圆柱销、塞尺、铜丝刷、铜钳口、毛刷、C形夹				

2. 实训步骤

（1）加工件Ⅰ 划线后钻孔、铰孔，然后以孔中心为测量基准，锉削加工三角形的三个面，控制三处尺寸 $12.4_{-0.02}^{0}$ mm。

（2）加工件Ⅱ 锉削加工外形，划线后锯削去余量，然后粗锉加工，最后以件Ⅰ为基准配锉件Ⅱ内表面。

（3）加工件Ⅲ 锉削加工外形，划线，钻中心位置的孔并铰孔，然后在孔中插入一根 $\phi8$mm×18mm 的标准圆柱销，按工件图所示安装件Ⅰ、件Ⅱ，用 C 形夹夹紧工件；同时钻削件Ⅱ及件Ⅲ右边两处孔，然后将件Ⅱ左右翻转180°安装，用 C 形夹夹紧工件，以件Ⅱ上的两处孔做导向钻削件Ⅲ左边两处孔；接着对件Ⅱ和件Ⅲ左边两处孔一起铰孔，最后对件Ⅲ右边两处孔铰孔。

（4）装配 按图 8-23b 所示工件图安装件Ⅰ、件Ⅱ、件Ⅲ。

3. 任务评价

完成练习后，根据给出的标准进行自评和教师评分工作，填写表 8-28。

表 8-28 评分记录表

序号	考核内容	配分	评分标准	检测结果	自评得分	教师评分
1	$12.4_{-0.02}^{0}$mm（3 处）	3×3	超差全扣			
2	60°±2′（3 处）	3×3	超差全扣			
3	（35±0.02）mm	3	超差全扣			
4	（70±0.02）mm（3 处）	3×3	超差全扣			
5	（50±0.1）mm（3 处）	3×2	超差全扣			
6	（15±0.1）mm（6 处）	6×2	超差全扣			
7	$\phi10_{0}^{+0.015}$（8 处）	8×1	超差全扣			
8	Ra1.6μm（8 处）	8×1	降低一级全扣			
9	Ra3.2μm（14 处）	14×0.5	降低一级全扣			
10	配合间隙≤0.04mm（6 处）	6×4	超差一处扣 4 分			
11	互换配合并能插入圆柱销	5	不符全扣			
12	安全文明生产		违者扣 1~5 分			
	合计					

子活动（二） 四边形组合配件制作

1. 工件图及技术要求

四边形组合配件如图 8-24 所示。任务准备表见表 8-29。

表 8-29 任务准备表

名称	四边形组合配件制作	材料	Q235（或 45）	学时	
毛坯尺寸/mm	件Ⅰ：41×41×8 件Ⅱ：81×61×8 件Ⅲ：81×51×8	件数	各 1	转下一内容	—
工具、量具、刃具	锯弓、锯条（修磨）、钻头、铰刀、铰杠、锉刀（自定）、划线平板、靠铁、游标高度卡尺、游标卡尺、千分尺、90°角尺、塞尺、铜丝刷、铜钳口、毛刷、C 形夹				

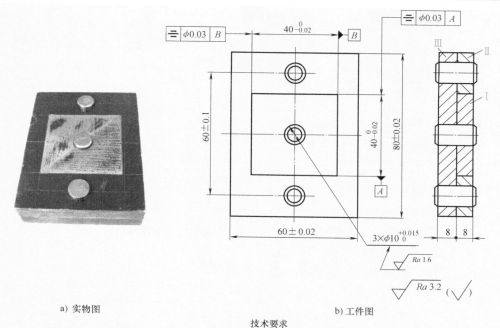

a) 实物图　　　　　　　　　　　　　　　　b) 工件图

技术要求

1. 件Ⅱ以件Ⅰ为基准配锉，件Ⅰ配入件Ⅱ内表面后可任意互换，并能同时插入三根$\phi 8 \times 18$的标准圆柱销。
2. 件Ⅰ和件Ⅱ的配合间隙不大于0.04。

图 8-24　四边形组合配件

2. 实训步骤

（1）加工件Ⅰ　划线后钻孔、铰孔，然后以孔中心线为测量基准，锉削加工四边形的四个面，控制两处尺寸 $40_{-0.02}^{0}$mm 及对称度公差 $\phi 0.03$mm。

（2）加工件Ⅱ　锉削加工外形，划线后钻 $\phi 8$mm 以上的孔，用修磨过的锯条锯削去除内表面余量，最后以件Ⅰ为基准锉配件Ⅱ内表面。

（3）加工件Ⅲ　锉削加工外形，划线，钻中心位置的孔并铰孔；然后在孔中插入一根 $\phi 8$mm×18mm 的标准圆柱销，按图 8-24b 所示工件图安装，用 C 形夹夹紧工件；对于件Ⅱ及件Ⅲ上的上下两处孔，先同时钻一处的孔，然后将件Ⅱ上下翻转180°安装，用 C 形夹夹紧工件，以件Ⅱ上的孔做导向钻削件Ⅲ上的孔，最后件Ⅱ和件Ⅲ两处孔一起铰孔。

（4）装配　按工件图所示安装件Ⅰ、件Ⅱ、件Ⅲ。

3. 任务评价

完成练习后，根据给出的标准进行自评和教师评分，填写表 8-30。

表 8-30　评分记录表

序号	考核内容	配分	评分标准	检测结果	自评得分	教师评分
1	$40_{-0.02}^{0}$mm（2处）	2×5	超差全扣			
2	（60±0.02）mm（2处）	2×5	超差全扣			
3	（80±0.02）mm（2处）	2×5	超差全扣			
4	（60±0.1）mm（2处）	2×5	超差全扣			
5	$\phi 10_{0}^{+0.015}$mm（6处）	6×1	超差全扣			

（续）

序号	考核内容	配分	评分标准	检测结果	自评得分	教师评分
6	⟮≡⟯ $\phi0.03$ A	4	超差全扣			
7	⟮≡⟯ $\phi0.03$ B	4	超差全扣			
8	$Ra1.6\mu m$（6处）	6×1	降低一级全扣			
9	$Ra3.2\mu m$（16处）	16×0.5	降低一级全扣			
10	配合间隙≤0.04mm（8处）	8×3	超差一处扣3分			
11	件Ⅰ、Ⅱ互换并插入圆柱销	8	互换配不入全扣			
12	安全文明生产		违者扣1~5分			
合计						

子活动（三）　正五边形组合配件制作

1. 工件图及技术要求

正五边形组合配件如图8-25所示。任务准备表见表8-31。

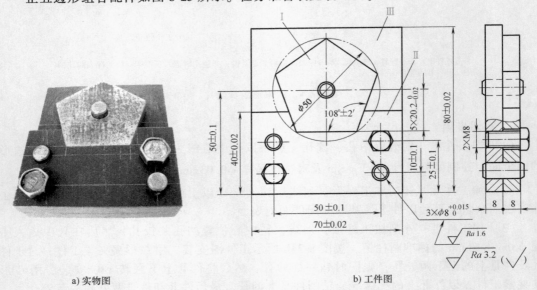

a) 实物图　　　　　　　　　　　　　　b) 工件图

技术要求

1. 件Ⅱ内表面以件Ⅰ为基准配锉，按图示安装圆柱销及螺钉，件Ⅰ换位五次，并能插入 $\phi8\times18$ 的圆柱销。
2. 件Ⅰ与件Ⅱ的配合间隙不大于0.05。

图 8-25　正五边形组合配件

表 8-31　任务准备表

名称	正五边形组合配件制作	材料	Q235（或45）	学时	
毛坯尺寸/mm	件Ⅰ：$\phi50\times8$ 件Ⅱ：41×71×8 件Ⅲ：81×71×8	件数	各1	转下一内容	—
工具、量具、刃具	锯弓、锯条（修磨）、钻头、丝锥、铰刀、铰杠、锉刀（自定）、划线平板、靠铁、游标高度卡尺、游标卡尺、千分尺、90°角尺、游标万能角度尺、$\phi8mm\times18mm$ 圆柱销、M8 螺钉、塞尺、铜丝刷、铜钳口、毛刷、平行夹				

2. 实训步骤

（1）加工件Ⅰ　划线后钻孔、铰孔，然后以孔中心线为测量基准，锉削加工正五边形的五个面，控制五处尺寸 $20.2_{-0.02}^{0}$ mm。

（2）加工件Ⅱ　锉削加工外形，划线后钻 $\phi8$ mm 孔，用修磨过的锯条锯削去除内表面余量，最后以件Ⅰ为基准锉配件Ⅱ内表面。

（3）加工件Ⅲ　锉削加工外形，然后划线钻中心位置的孔并铰孔；在该孔中插入一根 $\phi8$ mm×18mm 的圆柱销，按图 8-25b 所示工件图安装件Ⅰ、件Ⅱ、件Ⅲ，用平行夹夹紧工件；同时钻削件Ⅱ及件Ⅲ上的孔，对件Ⅱ和件Ⅲ的两处销孔一起铰孔；最后加工件Ⅱ和件Ⅲ的两处螺纹连接孔，对件Ⅲ攻螺纹，将件Ⅱ扩孔至 $\phi9$ mm。

（4）装配　按图 8-25b 所示工件图安装件Ⅰ、件Ⅱ、件Ⅲ。

3. 任务评价

完成练习后，根据给出的标准进行自评和教师评分，填写表 8-32。

表 8-32　评分记录表

序号	考 核 内 容	配分	评 分 标 准	检测结果	自评得分	教师评分
1	$20.2_{-0.02}^{0}$ mm（5 处）	5×3	超差全扣			
2	108°±2′（5 处）	5×3	超差全扣			
3	（40±0.02）mm	2	超差全扣			
4	（70±0.02）mm（2 处）	2×2	超差全扣			
5	（80±0.02）mm	1.5	超差全扣			
6	（50±0.1）mm（5 处）	5×1	超差全扣			
7	（10±0.1）mm（4 处）	4×1	超差全扣			
8	（25±0.1）mm（4 处）	4×1	超差全扣			
9	$\phi8_{0}^{+0.015}$ mm（6 处）	6×1	超差全扣			
10	M8（2 处）	2×1	烂牙、乱牙全扣			
11	$Ra1.6\mu m$（6 处）	6×0.5	降低一级全扣			
12	$Ra3.2\mu m$（17 处）	17×0.5	降低一级全扣			
13	配合间隙≤0.05mm（15 处）	15×2	超差一处扣 2 分			
14	安全文明生产		违者扣 1~5 分			
	合计					

五、任务小结

组合配件是镶配件、尺寸配件和对配件的综合，以组合形式出现，主要通过螺钉、销等连接在一起。加工时，对钻孔、铰孔、攻螺纹技能要求较高，掌握这些技能是本学习活动的重点，要熟练掌握各练习题中的钻孔方法并在今后加以应用。

任务 9

矫正与弯形

学习活动 1　角钢弯形制作

一、学习目标

会角钢的下料方法，能进行角钢的矫正和弯形制作。

二、学习要求

1）掌握角钢的矫正方法。

2）掌握角钢90°弯形的方法。

3）掌握角钢弯形下料时的长度计算方法及下料方法。

三、工作任务

1. 工件图

角钢弯形工件如图 9-1 所示。任务准备表见表 9-1。

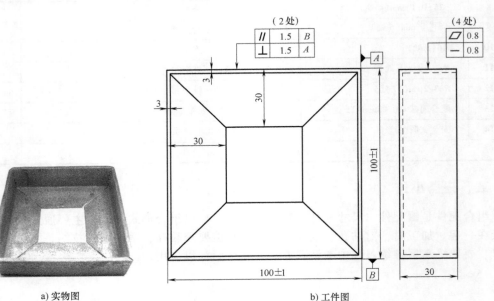

a) 实物图　　　　　　　　　　　　　　　　b) 工件图

技术要求
平面度和直线度误差小于0.8。

图 9-1　角钢弯形工件

表 9-1　任务准备表

名称	角钢弯形制作	材料	Q235	学时	
毛坯尺寸/mm	角钢：30×30×3 长 400	件数	1	转下一内容	任务 10 的学习活动 2
工具、量具、刃具	锯弓、锯条、锉刀（自定）、划线平板、靠铁、游标高度卡尺、游标卡尺、直角尺、带 45°的直角尺、划针、锤子、铜丝刷、铜钳口、毛刷				

2. 任务分析

1）对角钢进行检测，对角钢不平、扭曲处进行矫正，要求无明显锤击痕迹，平面度和直线度误差小于 0.8mm。

2）角钢下料时，用图 9-2 所示的带 45°的直角尺划线，在角钢上角度划线如图 9-3 所示。为了保证工件的外形尺寸公差，下料时要根据角钢弯形长度计算值划线。

3）角钢进行 90°弯形后，外角部分圆弧半径要小，内角部分的连接缝要求小于 1mm。角钢弯形后应无明显锤击痕迹，平面度和直线度应小于 0.8mm。

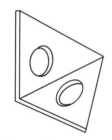

图 9-2　带 45°的直角尺

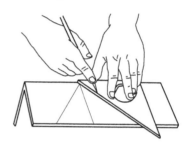

图 9-3　在角钢上角度划线

3. 实训步骤

1）先对角钢进行检测，对角钢不平、扭曲处进行矫正。

2）计算工件每段长度。角钢弯形第一段长度为 $100mm - 3mm = 97mm$；第二、三段长度为 $94 + 0.5t = 94mm + 0.5 \times 3mm = 95.5mm$；第四段长度为 $97 + 0.5t = 97mm + 0.5 \times 3mm = 98.5mm$（$t = 3mm$，为角钢厚度）。根据计算值进行划线，如图 9-4a 所示。

3）锯削去除弯形量，如图 9-4b 所示，并进行锉削修整。

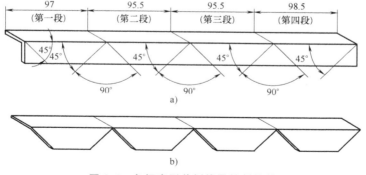

图 9-4　角钢弯形前划线及锉削修整

4）弯形时，先把角钢第一段装夹在台虎钳上，保证划线位置与台虎钳侧面平齐，然后用手抓住角钢伸出端，把角钢折弯，并用锤子锤击弯形部位。按此方法，分别按顺序夹紧第

二、三段角钢进行弯形。

5）矫正，直至符合图样尺寸要求。

四、任务评价

完成练习后，根据给出的标准进行自评和教师评分，填写表9-2。

表9-2 评分记录表

序号	考核内容	配分	评分标准	自评得分	教师评分
1	（100±1）mm（2处）	2×20	超差全扣		
2	⊥ 1.5 A （2处）	2×7	超差全扣		
3	∥ 1.5 B （2处）	2×7	超差全扣		
4	平面度、直线度误差小于 0.8mm（4处）	4×3	超差全扣		
5	角钢弯形后应无明显锤击痕迹	8	超差全扣		
6	内角部分的连接缝要求小于1mm，外角部分圆弧半径要小（4处）	4×3	超差全扣		
7	安全文明生产		违者每次扣2分		
合计					

五、任务小结

在角钢矫正与弯形的锤击过程中，应避免锤击角钢表面，以防角钢表面有明显的锤击痕迹。角钢下料长度尺寸计算及下料时尺寸值要准确，弯形装夹时的位置准确度也要高，这样才能保证角钢弯形后的工件外形尺寸公差，这是角钢弯形要点。

学习活动2　薄板弯形制作

一、学习目标

会薄板矫正、弯形及刃磨薄板钻，能按照正确工艺进行薄板弯形制作。

二、学习要求

1）掌握薄板矫正及弯形方法，并熟练使用弯形工具。

2）掌握刃磨薄板钻及在薄板上钻孔的方法。

三、工作任务

完成薄板矫正、薄板钻刃磨和薄板弯形制作。

1. 工件图

1）薄板工件如图9-5所示。

a) 实物图

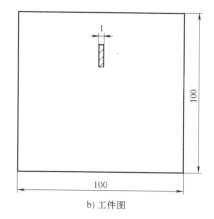

b) 工件图

图 9-5　薄板工件

2）薄板钻实物图及结构角度如图 9-6 所示。

a) 实物图

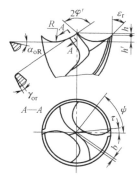

b) 薄板钻的结构角度

图 9-6　薄板钻实物图及结构角度

3）薄板弯形工件如图 9-7 所示。任务准备表见表 9-3。

a) 实物图

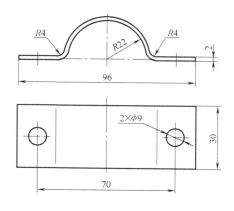

b) 工件 1

图 9-7　薄板弯形工件

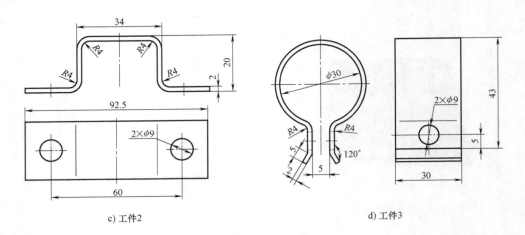

c) 工件2　　　　　　　　　　　　　　d) 工件3

图 9-7　薄板弯形工件（续）

表 9-3　任务准备表

名称	薄板弯形制作	材料	Q235	学时	矫正薄板转任务 10 的学习活动 2
毛坯尺寸/mm	薄板：100×100×1 由任务 3 的学习活动 4 转来	件数	各 1	转下一内容	
工具、量具、刃具	锯弓、锯条、锉刀（自定）、划线平板、靠铁、游标高度卡尺、游标卡尺、90°角尺、带 45°的直角尺、划针、锤子、铜丝刷、铜钳口、毛刷、钻头				

2. 任务分析

1）根据实际情况对薄板进行矫正，薄板表面不能有明显的锤击痕迹，平面度和直线度误差应小于 1mm。

2）薄板钻的刃磨，主要磨出两条圆弧刃外缘和钻心处的三个钻尖。

3）弯形后不能出现明显的锤击痕迹，步骤必须正确。

3. 实训步骤

（1）薄板矫正　把薄板放在划线平板上，先检查薄板是弯曲还是扭曲，然后根据具体情况进行矫正。

（2）刃磨薄板钻　薄板钻是把麻花钻的两主切削刃磨成圆弧切削刃而得到的。刃磨时，将钻心处钻尖高度磨低，在切削刃外缘处磨出两个锋利的钻尖，与钻心处的钻尖相差 0.5～1.5mm，即两条圆弧刃外缘和钻心处共形成三个钻尖。

（3）薄板弯形

1）工件 1（图 9-7b）弯形的加工工艺。按图 9-8a 所示顺序弯曲，最后钻孔。

2）工件 2（图 9-7c）弯形的加工工艺。按图 9-8b 所示顺序弯曲，最后钻孔。

3）工件 3（图 9-7d）弯形的加工工艺。按图 9-8c 所示顺序弯曲，最后钻孔。

四、任务评价

完成练习后，根据给出的标准进行自评和教师评分，填写表 9-4。

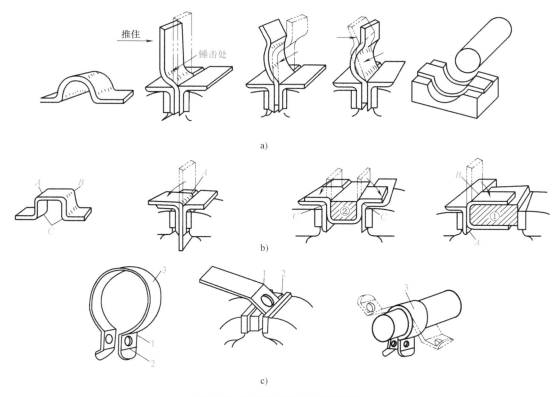

图 9-8 薄板弯形加工工艺图示

表 9-4 评分记录表

序号	考核内容	配分	评分标准	自评得分	教师评分
1	薄板矫正:平面度和直线度误差小于 1mm,无明显的锤击痕迹	12	不符合酌情扣分		
2	刃磨薄板钻:工件孔口无毛刺(6 处)	6×4	不符合酌情扣分		
3	工件 1:96mm、70mm、R22mm、R4mm(4 处)	4×4	不符合酌情扣分		
4	工件 2:92.5mm、34mm、20mm、60mm、R4mm(5 处)	5×4	不符合酌情扣分		
5	工件 3:30mm、43mm、5mm、5mm、5mm、120°、R4mm(7 处)	7×4	不符合酌情扣分		
6	安全文明生产		违者每次扣 2 分		
	合计				

五、任务小结

在薄板矫正与弯形过程中,为了避免出现锤击痕迹,应在工件表面锤击处垫上一块表面平整的垫块,垫块大小可根据薄板尺寸及变形情况来确定,如果工件尺寸及变形都大,则选用面积大的垫块;反之,则选用面积小的垫块。矫正时锤击垫块,不能直接锤击工件表面,以保护工件表面。刃磨薄板钻前,应熟悉其几何参数及刃磨方法,经反复练习才能掌握此项技能。

任务 10

铆接

学习活动 1　钢件的铆接

一、学习目标

能正确使用铆接工具，会计算铆钉长度，能按照正确工艺进行铆接。

二、学习要求

1）掌握铆钉长度计算方法及铆钉的选取方法。

2）掌握铆接方法。

三、工作任务

1. 工件图

铆接钢件如图 10-1 所示。任务准备表见表 10-1。

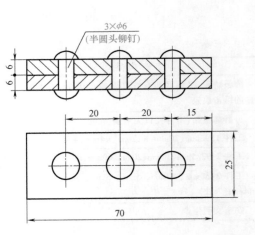

a) 实物图　　　　　　　　　　　　b) 工件图

图 10-1　铆接钢件工件

表 10-1　任务准备表

名称	钢件的铆接	材料	Q235	学时	
毛坯尺寸/mm	70×25×6	件数	2	转下一内容	—
工具、量具、刃具	划线平板、靠铁、游标高度卡尺、游标卡尺、90°角尺、划针、锤子、铜丝刷、铜钳口、毛刷、钻头、压紧冲头、罩模、顶模、夹板				

2. 任务分析

1） 铆接头要光滑、完整，不能有胀边现象。

2） 两块连接板之间要紧贴，连接板表面上铆钉周围无明显锤击痕迹。

3） 两块连接板的铆钉孔要同时钻孔。

3. 实训步骤

1） 计算铆钉长度，并根据计算值选取铆钉。

2） 按图 10-1b 所示尺寸要求加工连接板外形。

3） 划铆钉孔中心线，两连接板夹紧后一起钻孔。

4） 在铆钉孔中插入铆钉，用压紧冲头压紧两块连接板，然后将铆钉杆的一端镦粗，再翻转镦粗另一端，如此反复多次锤打成形，然后用罩模和顶模修整。

四、任务评价

完成练习后，根据给出的标准进行自评和教师评分，填写表 10-2。

表 10-2 评分记录表

序号	考 核 内 容	配分	评 分 标 准	自评得分	教师评分
1	铆钉长度值计算正确	30	不符合酌情扣分		
2	铆接头光滑、完整、无涨边	30	不符合酌情扣分		
3	连接板表面上铆钉周围无明显锤击痕迹	20	不符合酌情扣分		
4	两块连接板之间紧贴	20	不符合酌情扣分		
5	安全文明生产		违者每次扣 2 分		
合计					

五、任务小结

铆钉长度的选择要正确，如果是大批量生产，应根据铆钉计算值长度范围内的尺寸进行试铆，如果铆合头圆整，余量不多，则将其确定为铆钉的正确长度。铆接过程中，为了能正确地插入铆钉，被连接板应采用夹板夹紧后一起配钻；锤击过程中着力点要准确，避免锤中工件表面。本学习活动的重点是掌握半圆头铆钉的铆接技能。

学习活动 2　方形角钢件的铆接

一、学习目标

会使用铆接工具，能按照正确的工艺对工件进行抽芯铆钉的铆接。

二、学习要求

1） 能正确使用铆接工具。

2） 铆接后薄板与角钢连接处的间隙要小。

3） 工件各角及锋利处要进行倒角。

4）铆接前的钻孔要求角钢和薄板要一起配钻，工件底部孔口要锪沉头孔。

5）角钢连接处的铆接要求先钻孔时用夹板夹紧配钻，铆接后工件内表面的铆钉要修锉平整。

三、工作任务

1. 工件图

铆接方形角钢件如图 10-2 所示。任务准备表见表 10-3。

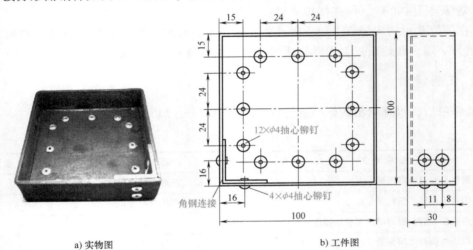

a) 实物图　　　　　　　　　　　　　　　　b) 工件图

图 10-2　铆接方形角钢件

表 10-3　任务准备表

名称	方形角钢件的铆接	材料	Q235	学时	
毛坯尺寸	薄板由任务9的学习活动2转来 角钢由任务9的学习活动1转来	件数	各1	转下一内容	—
工具、量具、刃具	锯弓、锯条、锉刀（自定）、划线平板、靠铁、游标高度卡尺、游标卡尺、90°角尺、划针、锤子、铜丝刷、铜钳口、毛刷、钻头、抽芯铆钉、铆枪、夹板				

2. 任务分析

1）先按工件内框形状及尺寸加工薄板外形。

2）角钢和薄板上的铆钉孔要同时钻孔，否则铆钉难以插入。

3）工件外形尺寸及形状，可根据实际需要设计成可使用的工件。

3. 实训步骤

1）角钢连接处钻孔后铆接，并将工件内表面上的铆钉修锉平整。

2）按图 10-2b 所示工件图内框形状及尺寸加工薄板外形。

3）在角钢上划铆钉孔中心线，然后在工件内部薄板表面垫上垫块，按划线位置同时对角钢和薄板钻孔。

4）将工件放在工作台面上，底部垫高，把铆枪上的铆钉由工件内向外垂直插入铆接孔内。两手手心相对，握住铆枪手柄向内用力的同时，施加向下的压力，把铆钉的抽芯杆抽出即可。用同样方法铆接其余铆钉，最后将铆钉外凸形部分修锉平整。

四、任务评价

完成练习后，根据给出的标准进行自评和教师评分，填写表 10-4。

表 10-4 评分记录表

序号	考核内容	配分	评分标准	自评得分	教师评分
1	铆接工具使用正确	40	不符合酌情扣分		
2	铆接后薄板与角钢连接处间隙小	40	不符合酌情扣分		
3	铆钉分布均匀、美观	20	不符合酌情扣分		
4	安全文明生产		违者每次扣 2 分		
合计					

五、任务小结

由抽芯铆钉铆接的工件，两连接件应一起配钻，铆合板之间要紧贴，这样才能保证连接紧密。本学习活动的重点是掌握使用抽芯钉铆枪进行工件铆接的方法。

任务 11

刮削

学习活动 1　方铁工件的平面刮削

一、学习目标

会刃磨、热处理平面刮刀，能按照要求对工件进行平面刮削，达到工件精度要求。

二、学习要求

1）掌握粗刮刀、细刮刀、精刮刀在砂轮机和油石上的刃磨方法，以及刮削过程中的动作、姿势。

2）掌握用全损耗系统用油调和红丹粉的方法。

3）掌握用标准平板做推研的方法。

4）刮削表面质量要符合要求。

5）刮削结束后，研点数要符合要求。

6）工件的平行度及垂直度误差符合要求，并掌握测量方法。

三、工作任务

1. 工件图

方铁工件如图 11-1 所示。任务准备表见表 11-1。

a) 实物图

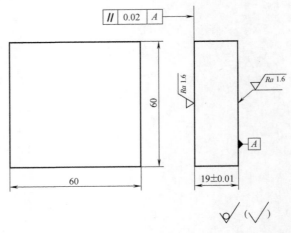

b) 工件图

图 11-1　方铁工件

表 11-1　任务准备表

名称	方铁工件的平面刮削	材料	HT200	学时	
毛坯尺寸/mm	60×60×19.5	件数	1	转下一内容	—
工具、量具、刃具	锉刀(自定)、刮刀、红丹粉、油石、标准平板、靠铁、游标高度卡尺、游标卡尺、90°角尺、百分表、量块、铜丝刷、铜钳口、毛刷				

2. 任务分析

1)应掌握在砂轮机和油石上刃磨刮刀的方法,因为刮刀的刃磨质量影响着刮削质量。

2)刮削动作、姿势要正确。

3)红丹粉要用全损耗系统用油调和,粗刮时调得稀些,涂层厚些;精刮时调得稠些,涂层薄些。

4)用标准平板做推研显点时,平板应放置平稳,并擦干净表面。工件表面涂色,平板不用涂色,推研时用力要均匀,做直线或回转运动,根据具体情况选择移动距离。

5)刮削过程要按照粗刮、细刮、精刮的顺序及相关要求进行。

6)刮削表面应无明显丝纹、振痕及落刀痕迹。

7)刮削结束后,研点要均匀,每 25mm×25mm 内研点数不少于 20 点。

8)工件的平行度和垂直度误差小于 0.02mm,测量方法要正确。

3. 实训步骤

1)锉削加工两个刮削表面,留 0.1~0.15mm 的刮削余量,然后用锉刀去掉工件四周毛刺,并用全损耗系统用油调好红丹粉。

2)粗刮。先在砂轮机上刃磨粗刮刀,再在油石上精磨,然后进行粗刮,当研点数达到每 25mm×25mm 方框内有 2~3 点时,即可转入细刮。

3)细刮。先刃磨细刮刀,然后进行细刮,当研点数达到每 25mm×25mm 方框内有 12~15 点时,结束细刮。

4)精刮。先刃磨精刮刀,然后进行精刮,当研点数达到每 25mm×25mm 方框内有 20 点以上时,结束精刮。

四、任务评价

完成练习后,根据给出的标准进行自评和教师评分,填写表 11-2。

表 11-2　评分记录表

序号	考核内容	配分	评分标准	自评得分	教师评分
1	每 25mm×25mm 内研点数不少于 20 点	40	不符合酌情扣分		
2	平行度误差小于 0.02mm	20	不符合酌情扣分		
3	垂直度误差小于 0.02mm	20	不符合酌情扣分		
4	无明显丝纹、振痕及落刀痕迹	20	不符合酌情扣分		
5	安全文明生产		违者每次扣 2 分		
合计					

五、任务小结

在平面刮削过程中，粗刮、细刮、精刮所用的刮刀、刮削目的及刮削方法都不相同，在练习过程中应加以区分。刮刀的刃磨质量影响着刮削质量和速度，刮削方法正确是刮削质量好的保障，练习中主要采用手刮法，因此，本学习活动的重点是掌握手刮法及平面刮刀的刃磨方法。

学习活动 2　原始平板的刮削

一、学习目标

会刃磨、热处理平面刮刀，能进行原始平板的刮削，并达到工件精度要求。

二、学习要求

1）掌握在砂轮机和油石上刃磨刮刀的方法，刮削过程中的动作、姿势要正确。

2）掌握红丹粉的调和方法及涂色方法。

3）推研显点方法要正确。

4）掌握正确的原始平板刮削过程以及刮削步骤、方法。

三、工作任务

1. 工件图（略）

原始平板实物图如图 11-2 所示。任务准备表见表 11-3。

图 11-2　原始平板实物图

表 11-3　任务准备表

名称	原始平板的刮削	材料	HT200	学时	
毛坯尺寸/mm	300×200×60	件数	3	转下一内容	—
工具、量具、刃具	锉刀（自定）、刮刀、红丹粉、油石、全损耗系统用油、毛刷				

2. 任务分析

1）红丹粉的调和方法要正确，涂层厚薄要适当。

2）涂色研点时，平板应放置平稳，用力要均匀，以确保研点显示真实情况。推研显点时，错开距离不能超过工件长度的 1/4，以避免出现假点。

3）原始平板刮削过程一定要按照正确的刮削步骤及方法进行。

4）刮削表面应无明显丝纹、振痕及落刀痕迹。

5）刮削结束后，研点要均匀，每 25mm×25mm 内研点数不少于 20 点。

6）不限制工件大小，可根据学校现有平板进行训练。

3. 实训步骤

1）将三块平板编号，四周用锉刀倒角去毛刺。

2）刮削步骤如图 11-3 所示。

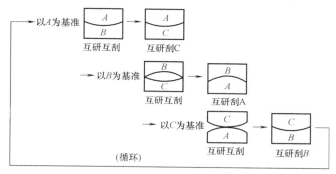

图 11-3　原始平板刮削步骤

3）研点方法。先直研（纵向、横向）消除不平度，通过几次循环刮削，达到各平板显点一致的要求；然后采用对角研（图 11-4），以消除平面的扭曲现象；重复直研和对角研，直到三块平板显点一致为止。

图 11-4　对角研

4）确认平板平整，并且用各种研点方法得到相同的显点，任意 25mm×25mm 内的研点数达到 20 点以上，表面粗糙度值 $Ra \leqslant 0.08\mu m$ 后即可结束刮削。

四、任务评价

完成练习后，根据给出的标准进行自评和教师评分，填写表 11-4。

表 11-4　评分记录表

序号	考核内容	配分	评分标准	自评得分	教师评分
1	每 25mm×25mm 内研点数不少于 20 点	60	不符合酌情扣分		
2	研点均匀	20	不符合酌情扣分		
3	无明显丝纹、振痕及落刀痕迹	20	不符合酌情扣分		
4	安全文明生产		违者每次扣 2 分		
合计					

五、任务小结

要正确理解原始平板刮削的步骤，这样在刮削过程中才不会弄错；研点方法分直研和对角研，研点时的用力及工件移动要正确，避免研点出现假点而影响刮削质量。调和及涂抹显示剂时要根据粗刮、细刮、精刮不同，使用应正确。原始平板的刮削方法主要是挺刮法，其刮削要领为"压、推、提"，请在练习中理解和领会要领。本学习活动的重点是掌握用挺刮法刮削原始平板的技能。

学习活动 3　曲轴轴瓦的刮削

一、学习目标

会刃磨、热处理曲面刮刀，能进行曲面刮削，并达到工件精度要求。

二、学习要求

1）掌握在砂轮机和油石上刃磨曲面刮刀的方法，曲面刮削的动作、姿势要正确。

2）掌握轴瓦研点方法。

3）刮削结束后，每 25mm×25mm 内的研点数应符合要求。

三、工作任务

1. 工件图

曲轴轴瓦如图 11-5 所示。任务准备表见表 11-5。

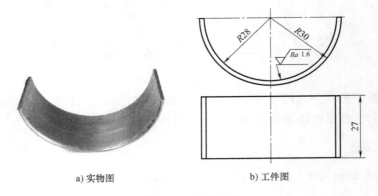

a) 实物图　　　　　　　b) 工件图

图 11-5　曲轴轴瓦

表 11-5　任务准备表

名称	曲轴轴瓦的刮削	材料	轴承合金	学时	
毛坯尺寸/mm	R30×27	件数	1	转下一内容	—
工具、量具、刃具	锉刀（自定）、刮刀、红丹粉、油石、全损耗系统用油、毛刷				

2. 任务分析

1）掌握在砂轮机和油石上刃磨曲面刮刀的方法很重要，因为刃磨质量会影响刮削质量。

2）推研显点方法要正确，避免出现假点。轴瓦研点时与轴相配，并沿轴曲面做来回转动。精刮时转动弧长应小于 25mm，不准沿轴线方向做直线研点。

3）刮削结束后，每 25mm×25mm 内的研点数应达到 8~12 点。

3. 实训步骤

1）粗刮。根据配合轴颈研点，做大切削量的刮削，使接触点均匀。

2）细刮。挑点，要控制刀痕的长度和宽度。

3）精刮。达到几何精度及配合精度要求，每 25mm×25mm 内的研点数应达到 8~12 点，点的分布在轴瓦中间应少些，而在前后端则要求多些，当表面粗糙度值 $Ra \leq 1.6\mu m$，无丝纹、振痕及落刀痕迹时，即可结束刮削。

四、任务评价

完成练习后，根据给出的标准进行自评和教师评分，填写表 11-6。

表 11-6　评分记录表

序号	考 核 内 容	配分	评 分 标 准	自评得分	教师评分
1	每 25mm×25mm 内的研点数达到 8~12 点	60	不符合酌情扣分		
2	点的分布在轴瓦中间少些,而在前后端多些	20	不符合酌情扣分		
3	无丝纹、振痕及落刀痕迹	20	不符合酌情扣分		
4	安全文明生产		违者每次扣 2 分		
合计					

五、任务小结

轴瓦刮削属于曲面刮削，是用曲面刮刀以手刮法进行刮削。曲面刮刀与平面刮刀的刃磨方法不同，同样，曲面刮削与平面刮削的手刮法也不相同，请在练习中加以区别和掌握。本学习活动的重点是掌握曲面刮削的方法及曲面刮刀的刃磨方法。

任务 12

钢件平面研磨

一、学习目标

能正确选用研磨工具和研磨剂，并按照正确的方法进行研磨，达到工件精度要求。

二、学习要求

1) 根据工件材料正确选用研磨工具和研磨剂。
2) 掌握钢件平面的研磨方法。

三、工作任务

1. 工件图

平面研磨工件如图 12-1 所示。任务准备表见表 12-1。

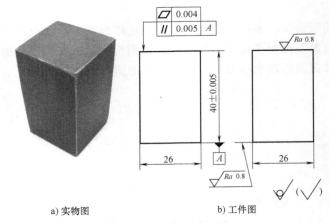

a) 实物图　　　　　　　　　b) 工件图

图 12-1　平面研磨工件

表 12-1　任务准备表

名称	钢件平面的研磨	材料	45	学时	
毛坯尺寸/mm	40.5×26×26	件数	1	转下一内容	—
工具、量具、刃具	锯弓、锯条、划线平板、靠铁、游标高度卡尺、游标卡尺、千分尺、90°角尺、铜丝刷、铜钳口、毛刷、锉刀(自定)、研磨膏、全损耗系统用油、百分表、量块				

2. 任务分析

1) 根据工件材料正确选用研磨工具及研磨剂很重要，这会影响工件加工质量。

2) 采用研磨膏研磨，加全损耗系统用油稀释要适当，研具及工件表面要干净，研磨剂中不能混入杂质。

3）每次涂研磨剂不宜太多，并应分布均匀。

4）正确选用研磨运动轨迹，可采用8字形、仿8字形或螺旋形运动轨迹。压力要均匀、大小要适中，应经常改变工件在研具上的研磨位置，研磨一段时间后，应将工件掉头轮换再进行研磨。

3. 实训步骤

1）锉削加工工件外形，上下研磨面留0.01~0.02mm的研磨余量。

2）擦净研具和工件表面，用全损耗系统用油稀释研磨膏，在研具和工件表面上涂抹研磨膏。

3）粗研。

4）精研，并用百分表测量工件尺寸，保证尺寸精度和平行度符合要求，即可结束研磨。

四、任务评价

完成练习后，根据给出的标准进行自评和教师评分，填写表12-2。

表12-2 评分记录表

序号	考核内容	配分	评分标准	自评得分	教师评分
1	(40±0.005)mm	60	超差全扣		
2	⏥ 0.004	20	超差全扣		
3	// 0.005 A	20	超差全扣		
4	安全文明生产		违者每次扣2分		
合计					

五、任务小结

研磨膏的选择要适当，研磨过程中用力要均匀、适当，运动轨迹要正确。应经常测量工件尺寸，测量前应将工件清洗干净，以避免影响测量精度。工件锉削后所留研磨余量要适当，不能太大或太小，而且余量要均匀、平行度误差要小。本学习活动的重点是掌握钢件平面的研磨技能。

第2部分　钳工考证技能

钳工考证技能实例

学习活动 1　三角形件镶配制作

1. 工件图及技术要求

三角形件镶配工件图如图 13-1 所示。任务准备表见表 13-1。

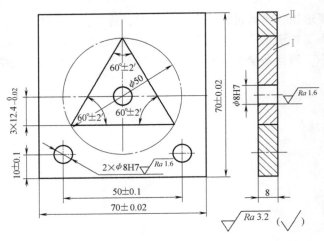

技术要求

1. 件Ⅱ以件Ⅰ为基准配锉，互换配合，配合间隙不大于0.04。
2. 件Ⅱ内角处不得开槽、钻孔。

图 13-1　三角形件镶配工件图

表 13-1　任务准备表

名称	三角形件镶配	材料	Q235（或 45）	工时/h	
毛坯尺寸/mm	71×71×8 φ50×8	件数	各 1	比例	1：1
工具、量具、刃具	锯弓、锯条（修磨）、钻头、铰刀、铰杠、锉刀（自定）、划线平板、靠铁、游标高度卡尺、游标卡尺、千分尺、90°角尺、游标万能角度尺、塞尺、铜丝刷、铜钳口、毛刷				

2. 评分记录表（表 13-2）

表 13-2　评分记录表

序号	考核要求	配分	评分标准	检测结果	自评得分	教师评分
1	（70±0.02）mm（2 处）	2×5	超差全扣			
2	$12.4_{-0.02}^{0}$ mm（3 处）	3×6	超差全扣			
3	60°±2′（3 处）	3×5	超差全扣			
4	（50±0.1）mm	5	超差全扣			
5	（10±0.1）mm（2 处）	2×4	超差全扣			
6	$Ra1.6\mu m$（3 处）	3×1	降低一级全扣			
7	$Ra3.2\mu m$（10 处）	10×0.5	降低一级全扣			
8	φ8H7（3 处）	3×3	超差全扣			
9	配合间隙不大于 0.04mm（9 处）	9×3	超差一处扣 3 分			
10	安全文明生产		违者扣 1~5 分			
合计						

学习活动 2　正六边形件镶配制作

1. 工件图及技术要求

正六边形件镶配工件图如图 13-2 所示。任务准备表见表 13-3。

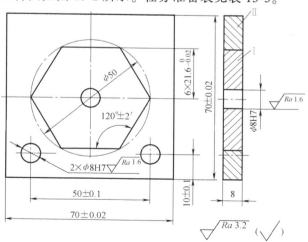

技术要求
1.件Ⅱ以件Ⅰ为基准配锉，互换配合，配合间隙不大于0.04。
2.件Ⅱ内角处不得开槽、钻孔。
图 13-2　正六边形件镶配工件图

表 13-3　任务准备表

名称	正六边形件镶配	材料	Q235（或 45）	工时/h	
毛坯尺寸/mm	71×71×8 φ50×8	件数	各 1	比例	1∶1
工具、量具、刃具	锯弓、锯条（修磨）、钻头、铰刀、铰杠、锉刀（自定）、划线平板、靠铁、游标高度卡尺、游标卡尺、千分尺、90°角尺、游标万能角度尺、塞尺、铜丝刷、铜钳口、毛刷				

2. 评分记录表（表 13-4）

表 13-4　评分记录表

序号	考核要求	配分	评分标准	检测结果	自评得分	教师评分
1	（70±0.02）mm（2 处）	2×4	超差全扣			
2	$21.6_{-0.02}^{0}$mm（6 处）	6×2.5	超差全扣			
3	120°±2′（6 处）	6×2.5	超差全扣			
4	（50±0.1）mm	5	超差全扣			
5	（10±0.1）mm（2 处）	2×2	超差全扣			
6	φ8H7（3 处）	3×2	超差全扣			
7	Ra1.6μm（3 处）	3×1	降低一级全扣			
8	Ra3.2μm（16 处）	16×0.5	降低一级全扣			
9	配合间隙不大于 0.04mm（36 处）	36×1	超差一处扣 1 分			
10	安全文明生产		违者扣 1~5 分			
	合计					

学习活动 3　正五边形件镶配制作

1. 工件图及技术要求

正五边形件镶配工件图如图 13-3 所示。任务准备表见表 13-5。

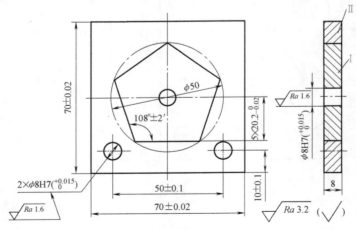

技术要求

1. 件Ⅱ以件Ⅰ为基准配锉，互换配合，配合间隙不大于 0.04。
2. 件Ⅱ内角处不得开槽、钻孔。

图 13-3　正五边形件镶配工件图

表 13-5 任务准备表

名称	正五边形件镶配		材料	Q235(或 45)	工时/h	
毛坯尺寸/mm	71×71×8 φ50×8		件数	各 1	比例	1:1
工具、量具、刃具	锯弓、锯条(修磨)、钻头、铰刀、铰杠、锉刀(自定)、划线平板、靠铁、游标高度卡尺、游标卡尺、千分尺、90°角尺、游标万能角度尺、塞尺、铜丝刷、铜钳口、毛刷					

2. 评分记录表（表 13-6）

表 13-6 评分记录表

序号	考核要求	配分	评分标准	检测结果	自评得分	教师评分
1	(70±0.02)mm(2 处)	2×4	超差全扣			
2	$20.2^{0}_{-0.02}$ mm(5 处)	5×4	超差全扣			
3	108°±2′(5 处)	5×4	超差全扣			
4	(50±0.1)mm	4	超差全扣			
5	(10±0.1)mm(2 处)	2×4	超差全扣			
6	φ8H7(3 处)	3×2	超差全扣			
7	Ra1.6μm(2 处)	2×1	降低一级全扣			
8	Ra3.2μm(14 处)	14×0.5	降低一级全扣			
9	配合间隙不大于 0.04mm(25 处)	25×1	超差一处扣 1 分			
10	安全文明生产		违者扣 1~5 分			
合计						

学习活动 4 V 形半圆件镶配制作

1. 工件图及技术要求

V 形半圆件镶配工件图如图 13-4 所示。任务准备表见表 13-7。

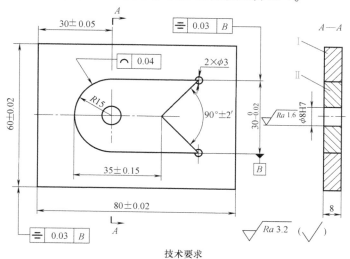

技术要求

件Ⅰ以件Ⅱ为基准配锉，互换配合，间隙不大于0.05。

图 13-4 V 形半圆件镶配工件图

表 13-7　任务准备表

名称	V 形半圆件镶配		材料	Q235(或 45)	工时/h	
毛坯尺寸/mm	114×61×8		件数	1	比例	1 : 1
工具、量具、刃具	锯弓、锯条(修磨)、钻头、铰刀、铰杠、锉刀(自定)、划线平板、靠铁、游标高度卡尺、游标卡尺、千分尺、90°角尺、游标万能角度尺、量块、正弦规、杠杆百分表及表座、铜丝刷、铜钳口、毛刷					

2. 评分记录表（表 13-8）

表 13-8　评分记录表

序号	考 核 要 求	配分	评分标准	检测结果	自评得分	教师评分
1	(35±0.15)mm	7	超差全扣			
2	$30_{-0.02}^{0}$mm	7	超差全扣			
3	90°±2′	7	超差全扣			
4	⌒ 0.04	6	超差全扣			
5	φ8H7	3	超差全扣			
6	(80±0.02)mm	7	超差全扣			
7	(60±0.02)mm	7	超差全扣			
8	(30±0.05)mm	7	超差全扣			
9	⊟ 0.03 B (2 处)	2×5	超差全扣			
10	$Ra1.6\mu m$	2	降低一级全扣			
11	$Ra3.2\mu m$(14 处)	14×0.5	降低一级全扣			
12	配合间隙不大于 0.05mm(10 处)	10×3	超差一处扣 3 分			
13	安全文明生产		违者扣 1~5 分			
合计						

学习活动 5　梯形件燕尾配制作

1. 工件图及技术要求

梯形件燕尾配工件图如图 13-5 所示。任务准备表见表 13-9。

表 13-9　任务准备表

名称	梯形件燕尾配		材料	Q235(或 45)	工时/h	
毛坯尺寸/mm	91×60×10		件数	1	比例	1 : 1
工具、量具、刃具	锯弓、锯条(修磨)、钻头、锉刀(自定)、划线平板、靠铁、游标高度卡尺、游标卡尺、千分尺、90°角尺、游标万能角度尺、铜丝刷、铜钳口、毛刷					

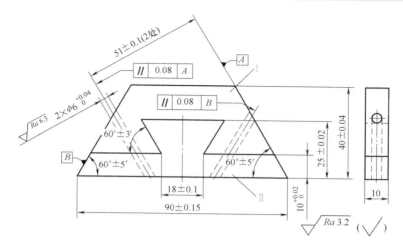

技术要求

1. 件Ⅰ以件Ⅱ为基准配锉，互换配合，配合间隙不大于0.05，配合错位量不大于0.06。

2. 件Ⅰ和件Ⅱ互换配合，都能用φ6H7的圆柱销同时插入两孔内。

图 13-5　梯形件燕尾配工件图

2. 评分记录表 （表 13-10）

表 13-10　评分记录表

序号	考 核 要 求	配分	评分标准	检测结果	自评得分	教师评分
1	（90±0.15）mm	4	超差全扣			
2	（40±0.04）mm	4	超差全扣			
3	（25±0.02）mm（2处）	2×4	超差全扣			
4	60°±5′（2处）	2×4	超差全扣			
5	60°±3′（2处）	2×4	超差全扣			
6	（18±0.1）mm	4	超差全扣			
7	（51±0.1）mm（2处）	2×4	超差全扣			
8	$10^{+0.02}_{0}$mm（2处）	2×4	超差全扣			
9	$\phi6^{+0.04}_{0}$mm（2处）	2×3	超差全扣			
10	∥ 0.08 A	5	超差全扣			
11	∥ 0.08 B	5	超差全扣			
12	Ra3.2μm（16处）	16×0.5	降低一级全扣			
13	配合间隙不大于0.05mm（10处）	10×2	超差一处扣2分			
14	错位量不大于0.06mm	4	超差全扣			
15	安全文明生产		违者扣1~5分			
合计						

学习活动 6 凸方孔件镶配制作

1. 工件图及技术要求

凸方孔件镶配工件图如图 13-6 所示。任务准备表见表 13-11。

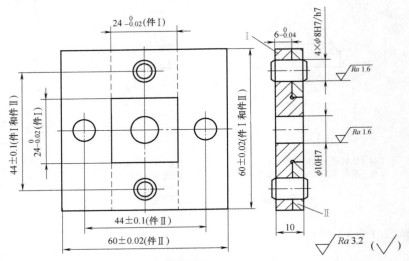

技术要求

1.件 Ⅱ 以件 Ⅰ 凸四方为基准配锉，互换配合，凸四方配合间隙不大于0.05，其余间隙不大于0.08。
2.件 Ⅰ 和件 Ⅱ 配合后错位量不大于0.06，换位两次都能用两根$\phi 8 \times 12$的圆柱销同时插入两件的$\phi 8H7$孔中。
3.空刀槽(2处)可沉锯1.5 。

图 13-6 凸方孔件镶配工件图

表 13-11 任务准备表

名称	凸方孔件镶配		材料	Q235(或 45)	工时/h	
毛坯尺寸/mm	61×61×4 61×25×10		件数	各 1	比例	1：1
工具、量具、刃具	锯弓、锯条(修磨)、钻头、铰刀、铰杠、锉刀(自定)、划线平板、靠铁、游标高度卡尺、游标卡尺、千分尺、90°角尺、塞尺、$\phi 8mm×12mm$ 的圆柱销、铜丝刷、铜钳口、毛刷					

2. 评分记录表 （表 13-12）

表 13-12 评分记录表

序号	考核要求	配分	评分标准	检测结果	自评得分	教师评分
1	（60±0.02）mm（3 处）	3×3	超差全扣			
2	$24_{-0.02}^{0}$ mm（2 处）	2×4	超差全扣			
3	（44±0.1）mm（3 处）	3×3	超差全扣			
4	$6_{-0.04}^{0}$ mm（2 处）	2×4	超差全扣			
5	$\phi 8H7$（6 处）	6×1	超差全扣			
6	$\phi 10H7$	1	超差全扣			

（续）

序号	考 核 要 求	配分	评分标准	检测结果	自评得分	教师评分
7	$Ra1.6\mu m$（7 处）	7×1	降低一级全扣			
8	$Ra3.2\mu m$（16 处）	16×0.5	降低一级全扣			
9	凸四方配合间隙不大于 0.05mm，其余间隙不大于 0.08mm（24 处）	24×1	超差一处扣 1 分			
10	可换位插入 $\phi8mm×12mm$ 圆柱销（4 处）	4×4	无法插入一处扣 4 分			
11	错位量不大于 0.06mm（2 处）	2×2	超差全扣			
12	安全文明生产		违者扣 1~5 分			
合计						

学习活动 7 U 形对配件制作

1. 工件图及技术要求

U 形对配件工件图如图 13-7 所示。任务准备表见表 13-13。

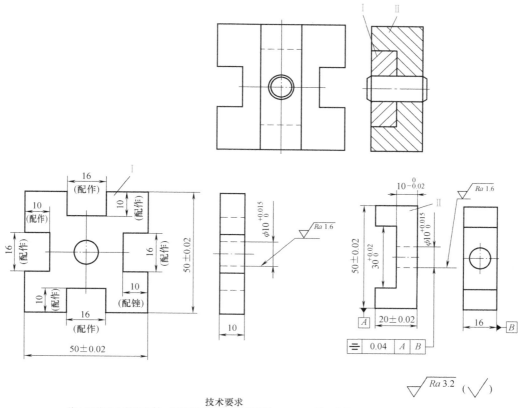

技术要求

件Ⅰ以件Ⅱ为基准配锉，互换配合，并能同时插入 $\phi10×22$ 的圆柱销，配合间隙不大于0.05。

图 13-7 U 形对配件工件图

表 13-13　任务准备表

名称	U 形对配件		材料	Q235（或 45）	工时/h	
毛坯尺寸/mm	51×51×10 21×51×16		件数	各 1	比例	1∶1
工具、量具、刃具	锯弓、锯条（修磨）、钻头、铰刀、铰杠、锉刀（自定）、划线平板、靠铁、游标高度卡尺、游标卡尺、千分尺、90°角尺、量块、杠杆百分表及表座、塞尺、ϕ10mm×22mm 圆柱销、铜丝刷、铜钳口、毛刷					

2. 评分记录表（表 13-14）

表 13-14　评分记录表

序号	考核要求	配分	评分标准	检测结果	自评得分	教师评分
1	（50±0.02）mm（3 处）	3×5	超差全扣			
2	$10_{-0.02}^{0}$ mm	5	超差全扣			
3	$30_{0}^{+0.02}$ mm	5	超差全扣			
4	$\phi 10_{0}^{+0.015}$ mm（2 处）	2×2	超差全扣			
5	（20±0.02）mm（2 处）	2×4	超差全扣			
6	$\boxed{\equiv \mid 0.04 \mid A \mid B}$	5	超差全扣			
7	$Ra1.6\mu m$（2 处）	2×1	降低一级全扣			
8	$Ra3.2\mu m$（28 处）	28×0.5	降低一级全扣			
9	配合间隙不大于 0.05mm（12 处）	12×3	超差一处扣 3 分			
10	任意互换并插入圆柱销	6	互换无法插入全扣			
11	安全文明生产		违者扣 1~5 分			
合计						

学习活动 8　阶梯三件尺寸配件制作

1. 工件图及技术要求

阶梯三件尺寸配件工件图如图 13-8 所示。任务准备表见表 13-15。

表 13-15　任务准备表

名称	阶梯三件尺寸配件	材料	Q235（或 45）	工时/h	
毛坯尺寸/mm	81×81×8	件数	1	比例	1∶1
工具、量具、刃具	锯弓、锯条（修磨）、钻头、丝锥、铰刀、铰杠、锉刀（自定）、划线平板、靠铁、游标高度卡尺、游标卡尺、千分尺、90°角尺、游标万能角度尺、量块、正弦规、杠杆百分表及表座、塞尺、铜丝刷、铜钳口、毛刷				

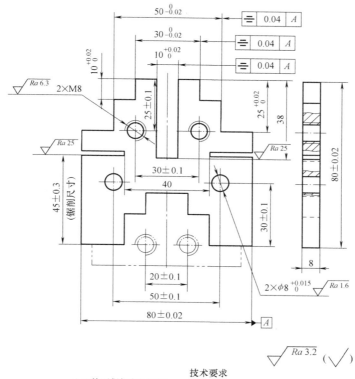

技术要求
1.工件不得锯断后配锉。
2.教师评分时锯断配入，互换配合，配合间隙不大于0.05。

图 13-8 阶梯三件尺寸配件工件图

2. 评分记录表 （表 13-16）

表 13-16 评分记录表

序号	考 核 要 求	配分	评分标准	检测结果	自评得分	教师评分
1	$10^{+0.02}_{0}$ mm（3 处）	3×3	超差全扣			
2	$30^{0}_{-0.02}$ mm	3	超差全扣			
3	$50^{0}_{-0.02}$ mm	3	超差全扣			
4	$25^{+0.02}_{0}$ mm（2 处）	2×2	超差全扣			
5	（80±0.02）mm（2 处）	2×2	超差全扣			
6	（30±0.1）mm（3 处）	3×2	超差全扣			
7	（25±0.1）mm（2 处）	2×2	超差全扣			
8	（20±0.1）mm	3	超差全扣			
9	（50±0.1）mm	3	超差全扣			
10	（45±0.3）mm	3	超差全扣			

（续）

序号	考 核 要 求	配分	评分标准	检测结果	自评得分	教师评分
11	M8（2 处）	2×1	烂牙、乱牙全扣			
12	$\phi 8^{+0.015}_{0}$ mm（2 处）	2×1	超差全扣			
13	⟌ 0.04 A （3 处）	3×2	超差全扣			
14	$Ra1.6\mu m$（2 处）	2×1	降低一级全扣			
15	$Ra3.2\mu m$（26 处）	26×0.5	降低一级全扣			
16	配合间隙不大于 0.05mm（11 处）	11×3	超差一处扣 3 分			
17	安全文明生产		违者扣 1~5 分			
合计						

学习活动 9　角度三件尺寸配件制作

1. 工件图及技术要求

角度三件尺寸配件工件图如图 13-9 所示。任务准备表见表 13-17。

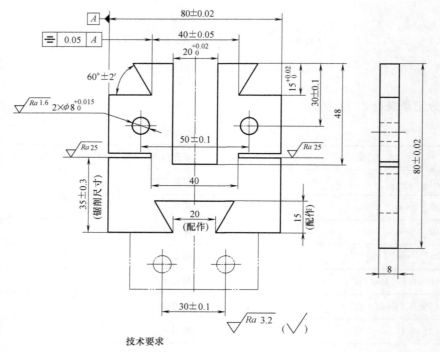

技术要求
1. 工件不得锯断后配锉。
2. 教师评分时锯断配入，互换配合，配合间隙不大于0.04。

图 13-9　角度三件尺寸配件工件图

表 13-17 任务准备表

名称	角度三件尺寸配件		材料	Q235（或45）	工时/h	
毛坯尺寸/mm	81×81×8		件数	1	比例	1:1
工具、量具、刃具	锯弓、锯条（修磨）、钻头、锉刀（自定）、划线平板、靠铁、游标高度卡尺、游标卡尺、千分尺、90°角尺、游标万能角度尺、量块、正弦规、杠杆百分表及表座、塞尺、铰刀、铰杠、铜丝刷、铜钳口、毛刷					

2. 评分记录表（表 13-18）

表 13-18 评分记录表

序号	考核要求	配分	评分标准	检测结果	自评得分	教师评分
1	$20^{+0.02}_{0}$ mm	4	超差全扣			
2	(40±0.05) mm	4	超差全扣			
3	(80±0.02) mm（2 处）	2×4	超差全扣			
4	$15^{+0.02}_{0}$ mm（2 处）	2×4	超差全扣			
5	60°±2′（2 处）	2×4	超差全扣			
6	(30±0.1) mm（3 处）	3×4	超差全扣			
7	(50±0.1) mm	4	超差全扣			
8	$\phi8^{+0.015}_{0}$ mm（2 处）	2×2	超差全扣			
9	(35±0.3) mm	4	超差全扣			
10	⏊ | 0.05 | A	5	超差全扣			
11	Ra3.2μm（18 处）	18×0.5	降低一级全扣			
12	Ra1.6μm（2 处）	2×1	降低一级全扣			
13	配合间隙不大于 0.04mm（7 处）	7×4	超差一处扣 4 分			
14	安全文明生产		违者扣 1~5 分			
	合计					

学习活动 10　⏊ 形组合配件制作

1. 工件图及技术要求

⏊ 形组合配件工件图如图 13-10 所示。任务准备表见表 13-19。

表 13-19 任务准备表

名称	⏊ 形组合配件		材料	Q235（或45）	工时/h	
毛坯尺寸/mm	61×31×20 81×31×20 81×61×20		件数	各 1	比例	1:1
工具、量具、刃具	锯弓、锯条（修磨）、钻头、丝锥、铰刀、铰杠、锉刀（自定）、划线平板、靠铁、游标高度卡尺、游标卡尺、千分尺、90°角尺、φ8mm×82mm 圆柱销、M8 螺钉、塞尺、铜丝刷、铜钳口、毛刷					

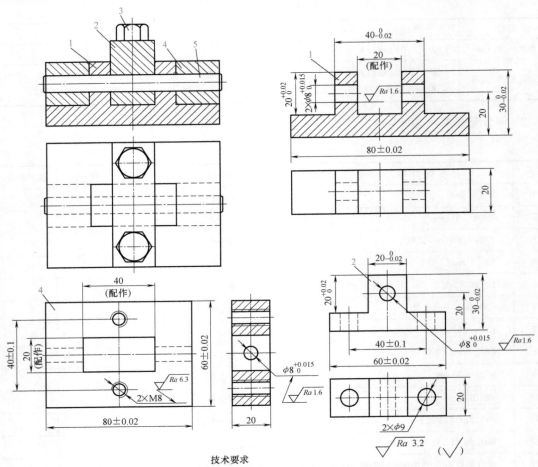

技术要求

1. 件1内表面以件2厚度尺寸为基准配锉,件4内表面以件1厚度尺寸为基准配锉。
2. 件1、件2任意换位,应能同时插入φ8×82的圆柱销及装入两个M8螺钉,配合间隙不大于0.05。

图 13-10 ⊥形组合配件工件图

2. 评分记录表(表 13-20)

表 13-20 评分记录表

序号	考核要求	配分	评分标准	检测结果	自评得分	教师评分
1	(60±0.02)mm(2 处)	2×3	超差全扣			
2	$30_{-0.02}^{0}$ mm(3 处)	3×2	超差全扣			
3	$20_{-0.02}^{0}$ mm	3	超差全扣			
4	$20_{0}^{+0.02}$ mm(4 处)	4×2	超差全扣			
5	(40±0.1)mm(2 处)	2×2	超差全扣			
6	(80±0.02)mm(2 处)	2×3	超差全扣			
7	$40_{-0.02}^{0}$ mm	2	超差全扣			
8	M8(2 处)	2×1	烂牙、乱牙全扣			
9	$\phi8_{0}^{+0.015}$ mm(5 处)	5×1	超差全扣			
10	配合间隙不大于 0.05(12 处)	12×3	超差一处扣 3 分			
11	互换配合并能插入圆柱销	3.5	不符全扣			

（续）

序号	考核要求	配分	评分标准	检测结果	自评得分	教师评分
12	Ra1.6μm（5处）	5×0.5	降低一级全扣			
13	Ra3.2μm（28处）	28×0.5	降低一级全扣			
14	安全文明生产		违者扣1~5分			
	合计					

学习活动 11　螺旋移动组合配件制作

1. 工件图及技术要求

螺旋移动组合配件工件图如图 13-11 所示。任务准备表见表 13-21。

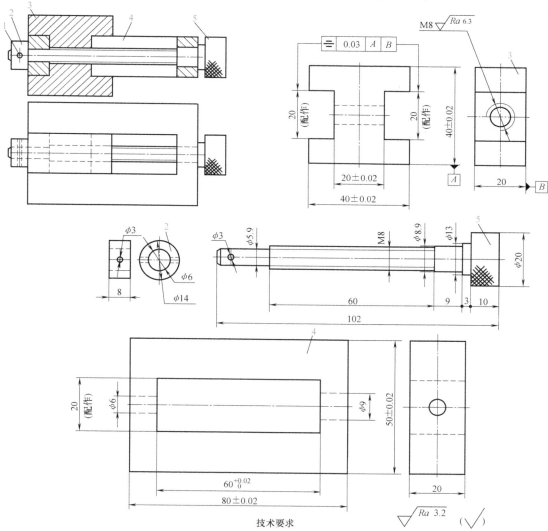

技术要求

1. 件3内表面以件4厚度尺寸配锉，件4内表面宽度以件3厚度尺寸配锉。

2. 旋转件5，件3应移动灵活、无阻碍，件3与件4之间的配合间隙不大于0.06。

图 13-11　螺旋移动组合配件工件图

表 13-21　任务准备表

名称	螺旋移动组合配件		材料	Q235(或 45)	工时/h	
毛坯尺寸/mm	41×41×20 81×51×20 件 1、2、5(不用加工)		件数	各 1	比例	1:1
工具、量具、刃具	锯弓、锯条(修磨)、钻头、丝锥、铰杠、锉刀(自定)、划线平板、靠铁、游标高度卡尺、游标卡尺、千分尺、90°角尺、塞尺、铜丝刷、铜钳口、毛刷					

2. 评分记录表 （表 13-22）

表 13-22　评分记录表

序号	考核要求	配分	评分标准	检测结果	自评得分	教师评分
1	(40±0.02)mm(2 处)	2×7	超差全扣			
2	(20±0.02)mm	7	超差全扣			
3	⏚ 0.03 A B	8	超差全扣			
4	$60^{+0.02}_{0}$ mm	7	超差全扣			
5	(80±0.02)mm	7	超差全扣			
6	(50±0.02)mm	7	超差全扣			
7	M8	3	烂牙、乱牙全扣			
8	$Ra3.2\mu m$(20 处)	20×0.5	降低一级全扣			
9	配合间隙不大于 0.06mm(6 处)	6×5	超差一处扣 5 分			
10	旋转件 5,件 3 移动灵活	7	不符全扣			
11	安全文明生产		违者扣 1~5 分			
合计						

学习活动 12　多位组合配件制作

1. 工件图及技术要求

多位组合配件工件图如图 13-12 所示。任务准备表见表 13-23。

表 13-23　任务准备表

名称	多位组合配件		材料	Q235(或 45)	工时/h	
毛坯尺寸/mm	51×51×10 51×51×10 91×51×10		件数	各 1	比例	1:1
工具、量具、刃具	锯弓、锯条(修磨)、钻头、铰刀、铰杠、锉刀(自定)、划线平板、靠铁、游标高度卡尺、游标卡尺、千分尺、90°角尺、游标万能角度尺、量块、正弦规、杠杆百分表及表座、φ10mm×22mm 圆柱销、半径样板、塞尺、铜丝刷、铜钳口、毛刷					

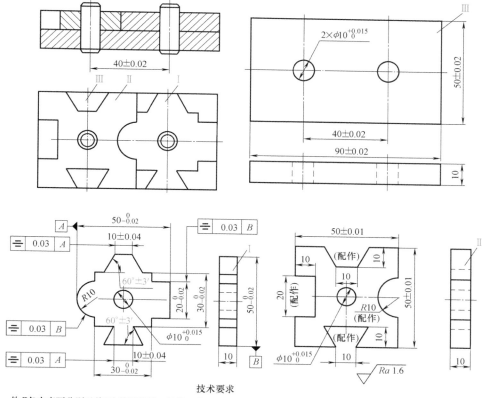

技术要求

件Ⅱ各内表面分别以件Ⅰ为基准配锉,转位四次配合,并能同时插入两根φ10×22的圆柱销,配合间隙不大于0.05。

图 13-12　多位组合配件工件图

2. 评分记录表（表 13-24）

表 13-24　评分记录表

序号	考 核 要 求	配分	评分标准	检测结果	自评得分	教师评分
1	$30_{-0.02}^{0}$ mm（4 处）	4×2	超差全扣			
2	（90±0.02）mm	2	超差全扣			
3	（50±0.02）mm	2	超差全扣			
4	（40±0.02）mm	2	超差全扣			
5	（10±0.04）mm（2 处）	2×3	超差全扣			
6	$20_{-0.02}^{0}$ mm	3	超差全扣			
7	60°±3′（4 处）	4×2	超差全扣			
8	$50_{-0.02}^{0}$ mm（2 处）	2×2	超差全扣			
9	▤ 0.03 A （2 处）	2×2	超差全扣			
10	▤ 0.03 B （2 处）	2×2	超差全扣			
11	$\phi10_{0}^{+0.015}$ mm（4 处）	4×1	超差全扣			
12	（5±0.01）mm（2 处）	2×3	超差全扣			
13	配合间隙不大于 0.05mm（四次配合,18 处）	18×2	不能插销,该配合不得分			

（续）

序号	考 核 要 求	配分	评分标准	检测结果	自评得分	教师评分
14	$Ra1.6\mu m$（44处）	44×0.25	降低一级全扣			
15	安全文明生产		违者扣1~5分			
	合计					

学习活动 13 星形转位组合配件制作

1. 工件图及技术要求

星形转位组合配件工件图如图 13-13 所示。任务准备表见表 13-25。

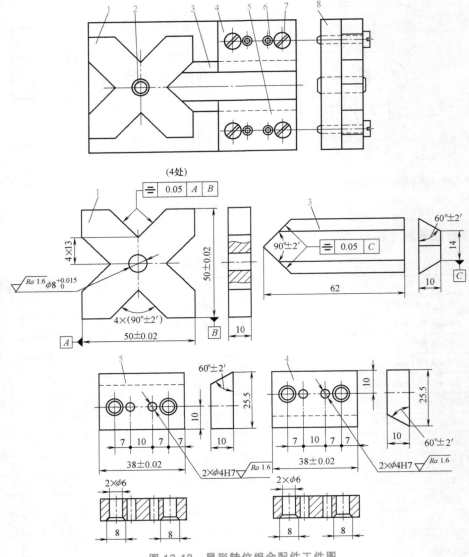

图 13-13 星形转位组合配件工件图

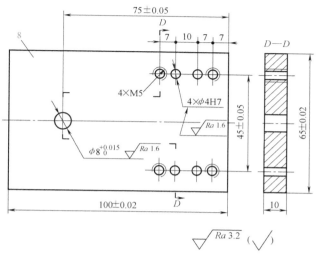

技术要求

1.按图组合装配后，件1旋转四次与件3配合，配合间隙不大于0.04。
2.件3移动灵活、无阻碍，件3与件4、件5的配合间隙不大于0.05。

图 13-13　星形转位组合配件工件图 （续）

表 13-25　任务准备表

名称	星形转位组合配件		材料	Q235（或 45）	工时/h	
毛坯尺寸/mm	101×66×10 51×51×10 80×27×10 63×28×10		件数	各 1	比例	1：1
工具、量具、刃具	锯弓、锯条、钻头、丝锥、铰刀、铰杠、锉刀（自定）、划线平板、靠铁、游标高度卡尺、游标卡尺、千分尺、90°角尺、铜钳口、游标万能角度尺、量块、正弦规、杠杆百分表及表座、毛刷					

2. 评分记录表 （表 13-26）

表 13-26　评分记录表

序号	考核要求	配分	评分标准	检测结果	自评得分	教师评分
1	（100±0.02）mm	2	超差全扣			
2	（65±0.02）mm	2	超差全扣			
3	（75±0.05）mm	2	超差全扣			
4	（50±0.02）mm（2 处）	2×3	超差全扣			
5	90°±2′（5 处）	5×2	超差全扣			
6	⫫ 0.05 A B （4 处）	4×2	超差全扣			
7	$\phi 8^{+0.015}_{0}$ mm（2 处）	2×3	超差全扣			
8	60°±2′（4 处）	4×2	超差全扣			
9	⫫ 0.05 C	0.75	超差全扣			
10	（38±0.02）mm（2 处）	2×1	超差全扣			

（续）

序号	考 核 要 求	配分	评分标准	检测结果	自评得分	教师评分
11	$\phi 4H7$（8 处）	8×1	超差全扣			
12	$\phi 8^{+0.05}_{0}$ mm（2 处）	2×1	超差全扣			
13	M5（4 处）	4×0.5	烂牙、乱牙全扣			
14	$Ra1.6\mu m$（10 处）	10×0.5	降低一级全扣			
15	$Ra3.2\mu m$（33 处）	33×0.25	降低一级全扣			
16	件 1 与件 3 配合间隙不大于 0.04mm（8 处）	8×3	超差一处扣 3 分			
17	件 3 与件 4、件 5 配合间隙不大于 0.05mm（2 处）	2×2	超差一处扣 2 分			
18	安全文明生产		违者扣 1~5 分			
合计						

第3部分　钳工综合技能

任务 14

六角螺母的制作

学习目标

1) 会手绘工件图。

2) 能说出钳工常用工具、量具、刃具。

3) 具有一定的金属材料知识，能查阅资料，解释工件材料牌号的含义。

4) 能正确填写生产派工单及进行材料成本计算。

5) 能正确刃磨标准麻花钻头，并能正确使用台式钻床进行钻孔和扩孔。

6) 能正确使用丝锥攻内螺纹。

7) 能熟练地划线、锉削加工工件，能选用合适的锯削或錾削方法去除多余材料。

8) 能正确使用游标万能角度尺，并能熟练地使用游标卡尺、千分尺、90°角尺，掌握量具的日常保养方法。

9) 能与相关人员沟通，遵守操作规程及安全要求，形成良好的职业素养。

10) 会根据检测结果与图样进行比较，判别零件是否合格。

11) 会进行成果展示、评价与总结。

学习任务描述

某工厂的机械维修人员在设备维修过程中发现一个六角螺母已损坏，因该六角螺母是非标准件，为了尽快把设备维修好，需要手工制作一个六角螺母，如图 14-1 所示。

图 14-1　六角螺母

请根据给出的工件图样尺寸，加工出一个六角螺母。

学习活动1 接受工作任务

学习目标

1）能识读产品图样，明确工作任务要求。

2）能填写生产派工单并进行材料成本计算。

学习准备

1）学习用具、多媒体及网络设备。

2）教材：《机械制图》《金属材料与热处理》《钳工工艺学》《钳工技能训练》等。

3）参考资料：《钳工手册》《机械设计手册》等。

学习过程

一、产品图样

六角螺母零件图如图14-2所示。

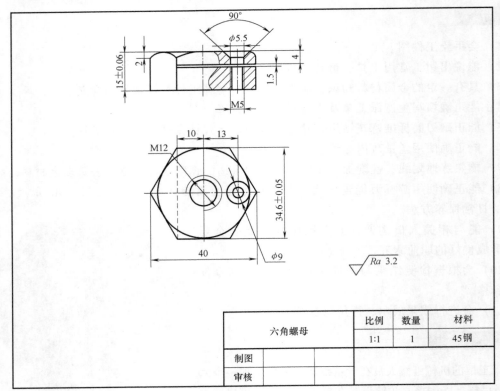

六角螺母		比例	数量	材料
		1:1	1	45钢
制图				
审核				

图 14-2 六角螺母零件图

二、填写生产派工单

填写六角螺母生产派工单，见表 14-1。

表 14-1　六角螺母生产派工单

生 产 派 工 单

单号：_____　开单部门：_____　开单人：_____

开单时间：_____年___月__日　接单人：_____（签名）

以下由开单人填写			
工作内容	按图样尺寸加工六角螺母	完成工时	10h
产品技术要求	1. 尺寸 24mm 的最大与最小值不超过 0.18mm 2. 锐边去毛刺		

以下由接单人和确认方填写		
领取材料		成本核算	金额合计： 仓管员（签名） 年　月　日
操作者检测		（签名） 年　月　日

三、任务要求

1）依照生产派工单及图样所确定的生产加工项目，每人独立完成六角螺母工件的制作。

2）填写生产派工单、领取材料和工具、检测毛坯材料。

3）读懂图样，并手绘零件图。

4）正确理解加工工艺步骤，以 4~6 人/组为单位进行讨论，制订小组工作计划及填写加工工艺流程表，并在规定时间内完成加工作业。

5）以最经济、安全、环保原则及保证加工质量为要求确定加工过程，并按照技术标准实施。整个生产作业过程要符合"6S"管理要求。

6）在作业过程中实施过程检验，工件加工完毕且检验合格后交付使用，并填写工件评分标准表。

7）在工作过程中学习相关理论知识，并完成相关知识的练习任务。

8）对已完成的工作进行记录及存档，认真完成学习过程评价量表中的自评及互评，进行作品展示、总结和反馈。

四、引导问题

如何进行材料成本计算？

提示：钢的密度是 $7.85g/cm^3$。

长 60mm、宽 10mm、高 50mm 钢件的质量是_____ t。如果钢材的价格为 4500 元/t，则该钢件的价格是_____元。

学习活动 2 工作准备

学习目标

1）能手绘六角螺母的草图和零件图。

2）具有一定的金属材料知识，能查阅相关资料，解释材料牌号的含义。

3）能说出钳工常用的工具、量具、刃具，并准备工作过程中所需的工具、量具、刃具。

4）能严格遵守安全规章制度及"6S"管理有关内容，并按要求穿戴劳保用品。

学习准备

1）学习用具、多媒体及网络设备。

2）教材：《机械制图》《金属材料与热处理》《钳工工艺学》《钳工技能训练》等。

3）参考资料：《钳工手册》《机械设计手册》等。

4）工具、量具、刃具：锤子、扁錾、锯弓、锯条、钢直尺、锉刀、游标卡尺、千分尺、90°角尺、游标高度卡尺、游标万能角度尺、钻头、丝锥、铰杠、划规、标准平板、V 形架。

5）设备：台虎钳、砂轮机、台式钻床。

6）备料：45 圆钢，规格为 φ42mm×16mm。

学习过程

一、手绘零件草图

手绘六角螺母的草图（绘制在图 14-3 中）。

图 14-3 六角螺母草图

二、手绘零件图

选用标准图纸，手绘六角螺母的零件图。

三、选择所需的工具、量具、刃具

在表 14-2 中填写工作过程中所需的工具、量具、刃具。

表 14-2 工作过程中所需的工具、量具、刃具

工作过程中所需的工具	
工作过程中所需的量具	
工作过程中所需的刃具	

四、引导问题

1. 写出六角螺母的作用。

2. 金属材料基本知识。

（1）金属的力学性能

1）所谓力学性能，是指金属在外力作用下所表现出来的性能。力学性能包括_____

_____

2）强度是_____

3）塑性是_____

4）硬度是_____

5）硬度包括_____硬度、_____硬度和_____硬度等。

6）冲击韧性是_____

_____

7）疲劳强度是_____

_____

（2）金属的工艺性能

1）工艺性能是指金属材料对不同加工工艺方法的适应能力，它包括_____

_____

2）铸造性能是_____

3）可锻性是_____

4）焊接性是_____

5）切削加工性是_____

（3）金属的晶体结构

1）晶体是_____

2）金属晶格的类型有_____

_____

（4）纯金属的结晶

1）纯金属的结晶过程：_____

_____

_____

_____

2）晶粒大小对金属力学性能的影响：_____

_____

_____

3）金属的同素异构转变：_____

_____

3. 根据所给图片完成表14-3。

表14-3　根据图片填写工量刃具名称和用途

图片	名称	用途
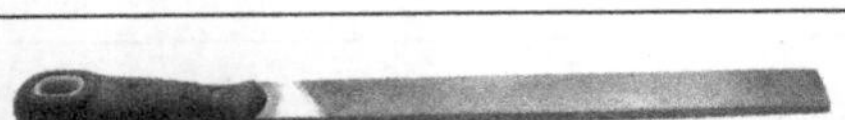		

（续）

图片	名称	用途

（续）

图片	名称	用途

（续）

图片	名称	用途

学习活动 3　制订工作计划

学习目标

1）能对照图样读懂加工工艺，并制订小组工作计划。
2）能制定操作安全防护措施。

学习准备

1）学习用具、多媒体及网络设备。
2）教材：《机械制图》《金属材料与热处理》《钳工工艺学》《钳工技能训练》等。
3）参考资料：《钳工手册》《机械设计手册》等。

学习过程

操作过程提示

1）加工过程中加工工艺正确，才能保证加工质量。

2）为了保证六角螺母各边长相等，有的加工面要以圆形毛坯的外圆表面为测量基准进行测量。

3）用等径丝锥攻通孔螺纹时，只用丝锥的头攻攻出螺纹即可，无须再用二攻、三攻加工。

4）倒圆角之前要先划好线，加工时依据位置线锉削即可。

一、制订加工工艺

制订加工工艺并填写加工工艺流程表，见表 14-4。

表 14-4　加工工艺流程表

组别		组员		组长	
产品分析					
制订加工工艺	1）划线。先找圆心，用游标高度卡尺找圆心方法：以圆形毛坯半径尺寸在工件毛坯的两大面上划多条线相交于一点或围成的圆点中心即为圆心；然后在圆心处打样冲眼，用划规划圆，再进行六等分；最后划六边形边长线，划线过程中，最好用磁性表座吸稳工件，使工件两面划线一致 2）加工 1 面。锯削或錾削去余量，以圆形毛坯外形为测量基准，锉削控制 A 尺寸。A 尺寸等于圆形毛坯外形直径实际尺寸除以 2，再加上 17.3mm，如下图 a 所示 3）加工 2 面。锯削或錾削去余量，锉削控制（34.6±0.05）mm，如图 b 所示 4）加工 3 面。锯削或錾削去余量，锉削控制 A 尺寸及保证 120°角，如图 c 所示 5）加工 4 面。锯削或錾削去余量，锉削控制 A 尺寸及保证 120°角，如图 d 所示 6）加工 5、6 面。锯削或錾削去余量，锉削控制两处（34.6±0.05）mm 尺寸和 120°角，如图 e 所示 7）孔加工。先划线，钻 M12、M5 螺纹的底孔，然后攻 M12、M5 螺纹 8）扩 ϕ5.5mm 孔，锪 90°沉头孔 9）划倒圆角线后锉削圆角 10）划线后锯削深 30mm、宽 1.5mm 的缝 11）检查尺寸，修整工件、去毛刺，合格后上交验收				

（续）

组别		组员		组长	

制订
加工
工艺

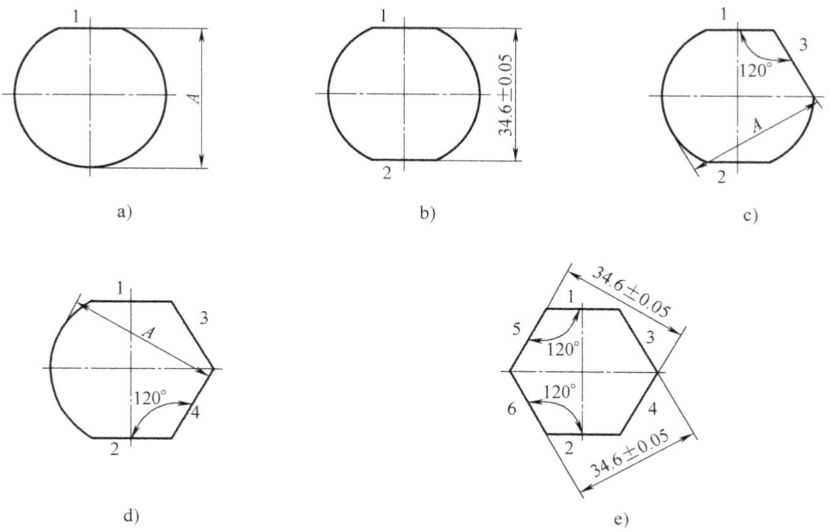

a)

b)

c)

d)

e)

备注

二、制订小组工作计划

三、引导问题

1. 制订安全工作防护措施。

2. 分别写出錾削、锯削、锉削的安全要求。

3. 写出使用台式钻床的安全操作规程。

学习活动 4   制作过程

学习目标

1）能划线、锯削或錾削、锉削加工工件。
2）能正确使用台式钻床进行钻孔和扩孔。
3）能正确计算攻螺纹前的底孔直径，能正确使用丝锥攻内螺纹。
4）能正确使用量具进行测量，并能对量具进行日常保养。
5）能与相关人员沟通，遵守操作规程及安全要求，形成良好的职业素养。

学习准备

1）学习用具、多媒体及网络设备。
2）教材：《机械制图》《金属材料与热处理》《钳工工艺学》《钳工技能训练》等。
3）参考资料：《钳工手册》《机械设计手册》等。
4）工具、量具、刃具：锤子、扁錾、锯弓、锯条、钢直尺、锉刀、游标卡尺、千分尺、90°角尺、游标高度卡尺、游标万能角度尺、钻头、丝锥、铰杠、划规、标准平板、V形架。
5）设备：台虎钳、砂轮机、台式钻床。
6）备料：45 圆钢，规格为 $\phi42mm \times 16mm$。

学习过程

操作过程提示
1）加工步骤要正确。
2）用游标万能角度尺测量 120°角时，测量方法要正确，避免出现测量误差。
3）由于加工表面较小，锉削控制平面度、尺寸公差及角度要求是保证加工质量的关键。
4）倒圆角方法要正确。

一、引导问题

1. 本工作任务中去除多余材料采用锯削还是錾削？錾削时要注意什么？

_____

_____

_____

2. 图14-4所示为用游标万能角度尺测量角度的方法，用游标万能角度尺测量角度时要注意什么？

_____

_____

_____

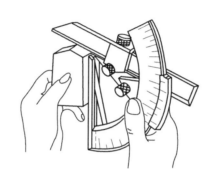

图14-4 游标万能角度尺的使用方法

3. 麻花钻用于钻孔，其结构由柄部、_____及工作部分组成。标准麻花钻的顶角 $2\phi =$ _____，近外缘处前角最_____，横刃斜角 = _____。

4. 常用的钻床有_____、_____、_____等。

5. 写出钻孔的方法。

_____

_____

6. 钻孔时装夹工件有什么要求？

_____

_____

7. 攻螺纹前的底孔直径如何计算？

_____

_____

8. 如何区分丝锥的头攻、二攻和三攻？

_____

_____

_____

9. 写出攻螺纹的方法。

_____

_____

_____

二、制作

学生在规定时间内完成加工作业。

三、善后工作

学生按照"6S"管理要求整理实训设备及场地，填写日志，值日生做好值日工作。

学习活动 5 交 付 验 收

学习目标

1）会检测工件的方法，能判别零件是否合格。
2）能按照工件评分标准对工件进行评分。

学习准备

1）学习用具、多媒体及网络设备。
2）教材：《机械制图》《金属材料与热处理》《钳工工艺学》《钳工技能训练》等。
3）参考资料：《钳工手册》《机械设计手册》等。

学习过程

完成六角螺母的制作后，根据给出的标准对其进行评分，并填写表 14-5。

表 14-5 工件评分标准表

序号	考 核 要 求	配分	评分标准	实测记录	自评得分	教师评分
1	(34.6 ± 0.05) mm（3 处）	3×10	超差全扣			
2	(15 ± 0.06) mm	10	超差全扣			
3	120°（6 处）	6×4	超差全扣			
4	M5、M12（2 处）	2×5	乱牙、烂牙全扣			
5	表面粗糙度值 $Ra\leqslant3.2\mu m$（8 处）	8×2	超差全扣			
6	安全文明生产	10	违者每次扣 5 分			
合计						

学习活动6　成果展示、评价与总结

学习目标

1）小组成员收集资料并进行成果展示。
2）能对自己及别人的工作进行客观的评价。
3）会对自己的工作进行总结。

学习准备

1）学习用具、多媒体及网络设备。
2）教材：《机械制图》《金属材料与热处理》《钳工工艺学》《钳工技能训练》等。
3）参考资料：《钳工手册》《机械设计手册》等。

学习过程

一、成果展示

1. 展示前的准备工作
小组成员收集资料，制作 PPT 或展板。

2. 展示过程
　各个小组派代表展示制作好的六角螺母，并由讲解人员做必要的介绍。在展示过程中，以小组为单位进行评价，评价完成后，根据其他小组成员对本组所展示成果的评价意见进行归纳总结。

完成了？仔细**检查**，客观**评价**，及时**反馈**

二、评价

1. 评价标准
六角螺母制作学习过程评价量表见表14-6。

表 14-6　六角螺母制作学习过程评价量表

班级		姓名		学号		配分	自评得分	互评得分	教师评分
课堂表现	1. 课堂上回答问题 2. 完成引导问题					2×6			
平时表现评价	1. 实习期间出勤情况 2. 遵守实习纪律情况 3. 平时技能操作练习的动作、姿势					5×2			

（续）

班级			姓名		学号		配分	自评得分	互评得分	教师评分
平时表现评价	4. 每天的实训任务完成质量 5. 劳动习惯、实习岗位卫生情况						5×2			
综合专业技能水平	基本知识		1. 熟悉机械工艺基础知识,掌握工件加工工艺流程 2. 识图能力强,掌握公差与配合的概念、术语,懂得相关专业知识 3. 掌握量具的结构、读数原理及读数方法,并了解量具的维护保养知识 4. 了解钳工常用工具的种类和用途				4×3			
	操作技能		1. 按钳工技能应根据"工件评分标准表"评出工件实际分数 2. 熟悉质量分析方法,善于理论联系实际,提高自己的综合实践能力 3. 动手能力强,熟练掌握钳工专业各项操作技能,基本功扎实 4. 具备加工工艺流程的选择、工艺路线优化、加工精度控制技能				4×6			
	工具使用		1. 工具、量具、刃具使用正确且懂得维护保养知识 2. 熟练操作钳工实习设备				2×3			
情感态度	1. 与教师的互动情况 2. 注重提高自己的动手能力 3. 与组员的交流、合作情况 4. 学习兴趣、态度、积极主动性						4×4			
设备使用	1. 严格按型号、规格摆放和保管工具、量具、刃具 2. 严格遵守机床操作规程和各工种安全操作规章制度,维护保养好实习设备						2×3			
资源使用	节约实习消耗用品,合理使用材料						4			
安全文明实习	1. 遵守实习场所纪律,听从实习指导教师指挥及安排 2. 掌握安全操作规程和消防安全知识 3. 严格遵守安全操作规程、实训中心的规章制度和实习纪律 4. 按国家有关法规,发生重大事故者取消实习资格,并且实习成绩为零分 5. 遵守"6S"管理要求						5×2			
合计										

2. 总评

总评并填写学生成绩总评表,见表14-7。

表 14-7 学生成绩总评表

序号	评分组	成绩	百分比	得分
1	检测工件得分(教师)		30%	
2	学生自评得分		20%	
3	学生互评得分		20%	
4	教师评分		30%	
合计				

评价方式提示

1）采用学生自我评价、小组评价、教师评价相结合的发展性评价体系。学生本工作任务的总成绩由检测工件得分（教师）（30%）、学生自评得分（20%）、学生互评得分（20%）、教师评分（30%）决定。

2）个人自评。学生完成学习过程评价量表中的自评工作。

3）小组互评。学生完成学习过程评价量表中的小组互评工作。

4）教师评价。教师完成工件评分标准表、学习过程评价量表中的教师评价工作。

① 找出各组的优点并进行点评。

② 对展示过程中各组的缺点进行点评，并提出改进方法。

③ 指出学生完成任务过程中的亮点和不足。

三、总结

1. 本产品加工过程中，你遇到了哪些技术方面的困难和工作失误？

_____

_____

_____

2. 完成本任务后你有哪些收获？

_____

_____

_____

3. 写出你关于本工作任务的经验分享。

_____

_____

_____

_____

4. 填写学习情况反馈表，见表14-8。

表 14-8　学习情况反馈表

序号	评价项目	学习任务完成情况
1	工作页的填写情况	
2	独立完成的任务	
3	小组合作完成的任务	

（续）

序号	评价项目	学习任务完成情况
4	在教师指导下完成的任务	
5	是否达到学习目标	
6	存在的问题及建议	

学习拓展

一、安全的重要性

1. 列举具体事例，说明安全的重要性。

_____

_____

_____

_____

_____

2. 写出三条关于安全方面的标语。

_____

_____

_____

_____

_____

二、正多边形边长、外接圆半径、内切圆半径之间的关系（图14-5）

1. 正三角形

$S = 1.732R = 3.4641r$

$R = 0.5774S = 2r$

$r = 0.2887S = 0.5R$

2. 正方形

$S = 1.4142R = 2r$

$R = 0.7071S = 1.4142r$

$r = 0.5S = 0.7071R$

3. 正五边形

$S = 1.1765R = 1.4531r$

$R = 0.8506S = 1.2361r$

$r = 0.6882S = 0.809R$

4. 正六边形

$S = R = 1.1547r$

$$R = S = 1.1547r$$

$$r = 0.866S = 0.866R$$

5. 正 n 边形

$$S = 2R\sin\frac{\alpha}{2} \quad (\alpha = 360°/n)$$

$$r = R\cos\frac{\alpha}{2}$$

式中　S——正多边形边长；

　　　R——外接圆半径；

　　　r——内切圆半径；

　　　α——每一边长所对的圆心角。

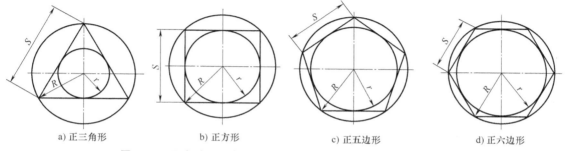

a) 正三角形　　　　b) 正方形　　　　c) 正五边形　　　　d) 正六边形

图 14-5　正多边形边长、外接圆半径、内切圆半径之间的关系

任务 15

金属锤子的制作

学习目标

1）能手绘锤子零件图，并具备一定的绘图知识。

2）能独立进行材料成本核算。

3）能熟练地划线和锉削，并能根据材料采用深缝锯削方法去除余量。

4）能熟练地使用量具，并能进行量具日常保养。

5）能熟练地进行孔加工及螺纹加工。

6）有一定的热处理知识，能在教师指导下进行锤子淬火热处理。

7）能与相关人员沟通，认真遵守有关规范及安全要求，形成良好的职业素养。

8）能熟练地对检测结果与图样进行比较，判别零件是否合格。

9）能熟练地进行成果展示、评价与总结。

学习任务描述

机械维修人员在设备安装、维修或技术改造等工作中需要使用锤子，请根据机械维修人员的工作需要，制作一把金属锤子，如图 15-1 所示。要求用直径 ϕ30mm 的 45 圆钢制作。

图 15-1　金属锤子

学习活动 1　接受工作任务

学习目标

1）能读懂产品图样结构。

2）能明确工作任务要求。

3）能填写生产派工单并独立进行材料成本核算。

学习准备

1）学习用具、多媒体及网络设备。

2）教材：《机械制图》《金属材料与热处理》《钳工工艺学》《钳工技能训练》等。

3）参考资料：《钳工手册》《机械设计手册》等。

学习过程

一、产品图样

金属锤子零件图如图 15-2 所示。

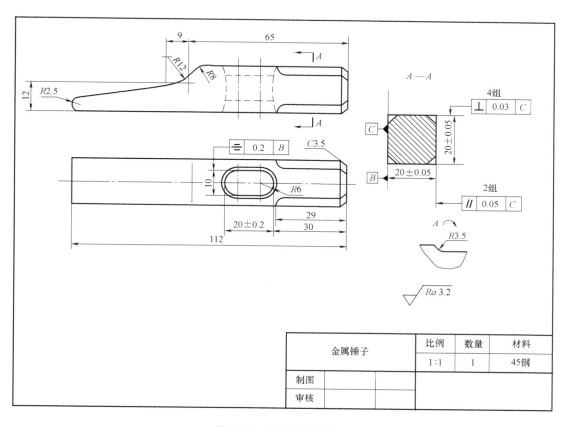

图 15-2 金属锤子零件图

二、填写生产派工单

填写金属锤子生产派工单，见表 15-1。

表 15-1 金属锤子生产派工单

生 产 派 工 单

单号：＿＿＿＿＿ 开单部门：＿＿＿＿＿＿＿＿＿ 开单人：＿＿＿＿＿＿＿

开单时间：＿＿＿＿＿年＿＿月＿日 接单人：＿＿＿＿＿＿＿＿＿（签名）

（续）

	以下由开单人填写			
工作内容	按图样尺寸加工金属锤子	完成工时	18h	
产品技术要求	1. 未注公差按 GB/T 1804—m 2. 工件两端热处理淬硬 3. 锐边去毛刺			
以下由接单人和确认方填写				
领取材料		成本核算	金额合计： 仓管员（签名） 　　年　　月　　日	
操作者检测			（签名） 　　年　　月　　日	

三、任务要求

1）依照生产派工单所确定的生产加工项目，每人独立完成金属锤子的加工制作。

2）填写生产派工单，领取材料和工具，检测毛坯材料。

3）读懂图样，并手工绘制工件图。

4）以 4~6 人/组为单位进行讨论，制订小组工作计划，确定加工工艺，并填写加工工艺流程表，在规定时间内完成加工作业。

5）以最经济、安全、环保的原则来确定加工过程，并按照技术标准实施。整个生产作业过程要符合"6S"管理要求。

6）在作业过程中实施过程检验，工件加工完毕且检验合格后交付使用，并填写工件评分标准表。

7）在工作过程中学习相关理论知识，并完成相关知识的练习任务。

8）对已完成的工作进行记录及存档，认真完成学习过程评价量表中的自评及互评，进行作品展示、总结和反馈。

四、引导问题

制作金属锤子时可以用 Q235 金属材料吗？为什么？

_____

_____

_____

学习活动 2 工作准备

学习目标

1）能手绘金属锤子的草图和零件图。

2）具有一定的热处理知识，了解金属锤子的热处理方法。

3）能通过查阅资料，解释图样中零件材料牌号的含义。

4）能说出工作过程中所需的工具、量具、刃具。

5）能严格遵守安全规章制度及"6S"管理有关内容，并按要求穿戴劳保用品。

学习准备

1）学习用具、多媒体及网络设备。

2）教材：《机械制图》《金属材料与热处理》《钳工工艺学》《钳工技能训练》等。

3）参考资料：《钳工手册》《机械设计手册》等。

4）工具、量具、刃具：锤子、扁錾、锯弓、锯条、钢直尺、锉刀、游标卡尺、千分尺、90°角尺、游标高度卡尺、游标万能角度尺、钻头、划规、标准平板、V形架。

5）设备：台虎钳、砂轮机、台式钻床。

6）备料：45圆钢，规格为$\phi 30\text{mm} \times 115\text{mm}$。

学习过程

一、手绘零件草图

手绘金属锤子的草图（绘制在图15-3中）。

图 15-3 金属锤子的草图

二、手绘零件图

选用标准图纸，手绘金属锤子的零件图。

三、选择所需的工具、量具、刃具

在表 15-2 中填写工作过程中所需的工具、量具、刃具。

表 15-2　工作过程中所需的工具、量具、刃具

工作过程中所需的工具	
工作过程中所需的量具	
工作过程中所需的刃具	

四、引导问题

1. 查一查 45 钢中碳的质量分数是多少。

_____

_____

2. 为什么金属锤子要进行热处理？

_____

_____

3. 碳素钢知识。

（1）碳素钢简称碳钢，它是指在冶炼时没有特意加入合金元素，且碳的质量分数大于_____而小于_____的铁碳合金。

（2）碳素钢按用途不同可分为：_____钢，其碳的质量分数一般小于_____；_____钢，其碳的质量分数一般小于_____。

（3）碳素钢的牌号。

Q235 的含义：_____

45 的含义：_____

50Mn 的含义：_____

T12A 的含义：_____

ZG-270-500 的含义：_____

4. 填写表 15-3。

表 15-3　热处理的方法与目的

热处理	热处理方法	热处理目的
退火		
正火		
淬火		
回火		
渗碳		
调质		

5. 写出表 15-4 中的产品应采用下列哪种热处理方法：淬火+低温回火、淬火+中温回火、调质热处理。

表 15-4　选择产品热处理方法

图　　片	热处理方法
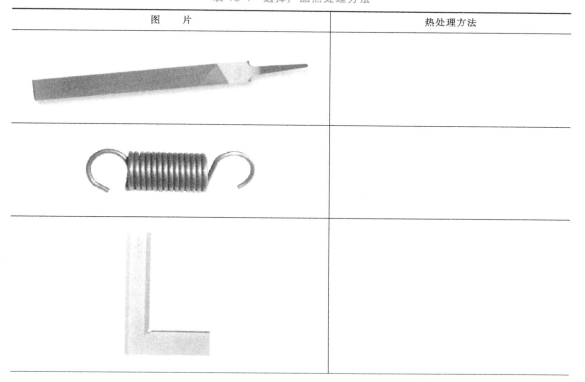	

（续）

图　　片	热处理方法
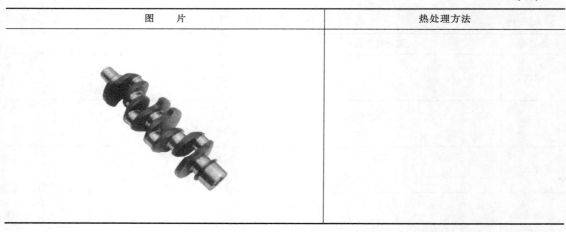	

学习活动 3　制订工作计划

学习目标

1）能对照图样读懂加工工艺，并制订小组工作计划。
2）能制订安全防护措施。

学习准备

1）学习用具、多媒体及网络设备。
2）教材：《机械制图》《金属材料与热处理》《钳工工艺学》《钳工技能训练》等。
3）参考资料：《钳工手册》《机械设计手册》等。

学习过程

操作过程提示

1）先粗加工圆形毛坯的两个端面，然后进行下一步的划线工作；锯削第一面前的划线时，要将毛坯件放在 V 形架上，以防止其转动。

2）得到长方体毛坯的四个大面，每面锯削后，紧接着锉削该面，达到要求后，再划线锯削下一面。

3）将工件加工成 112mm×20mm×20mm 的长方体后，再进行下一步的划线加工。

4）加工孔之前，使用 $\phi9.5 \sim \phi9.8$mm 的钻头钻孔。

5）锉削倒圆角 $C3.5$mm，应采用圆锉加工。

一、制订加工工艺

制订加工工艺并填写加工工艺流程表，见表 15-5。

表 15-5 加工工艺流程表

组别		组员			组长	
产品分析						
制订加工工艺	1)按图样检查毛坯件的尺寸和形状,看有无缺陷、尺寸是否符合要求 2)工件表面涂色,以工件大面为基准面,划出加工界线 3)加工基准面(第一加工面)。以毛坯面的外形为基准面划线后进行锯削,锯削后进行粗锉,留 0.1mm 的加工余量;然后精锉,并用 90°角尺检查平面度误差,当达到技术要求后,基准面加工完毕 4)加工第二加工面(与基准面平行的对面)。以基准面为基准划平行加工界线,先锯削后锉削,用游标卡尺测量平行度误差和尺寸误差是否符合,当达到技术要求后,第二加工面加工完毕 5)加工第三加工面。划线后锯削,然后锉削加工,用 90°角尺通过基准面测量垂直面的垂直度误差,用刀口形直尺检查平面度误差,当达到技术要求后,加工完毕 6)加工第四加工面。第三面加工完成后,即可划出该面的平行线,然后进行第四面的加工,达到技术要求后加工完毕 7)加工第五面。加工工件两端中的一端,保证端面与第一、二、三、四面垂直,直至达到技术要求为止 8)加工斜面。在工件两端中第五面相对的一端划出斜面线,先锯削、后锉削加工斜面,同时加工出 R2.5mm 及 R12mm 圆弧面 9)倒角。先划线,然后四处倒角 45° 10)孔加工。先钻孔,然后用圆锉刀锉削加工,保证孔的两端开口大 11)检验后对工件两端进行热处理 12)检测工件,合格后上交验收					
备注						

二、制订小组工作计划

_____

_____

_____

_____

_____

_____

_____

三、引导问题

1. 热处理工作的安全防护措施有哪些?

_____

_____

_____

_____

2. 写出使用砂轮机的安全操作规程。

_____

_____

_____

_____

学习活动4 制作过程

学习目标

1）能更熟练地进行划线、锯削、锉削及孔加工。

2）能更熟练地使用量具进行测量，并按要求对所使用的量具进行日常保养。

3）能对加工好的工件进行淬火热处理。

4）能与相关人员沟通，认真遵守有关规范及安全要求，形成良好的职业素养。

学习准备

1）学习用具、多媒体及网络设备。

2）教材：《机械制图》《金属材料与热处理》《钳工工艺学》《钳工技能训练》等。

3）参考资料：《钳工手册》《机械设计手册》等。

4）工具、量具、刃具：锤子、扁錾、锯弓、锯条、钢直尺、锉刀、游标卡尺、千分尺、90°角尺、游标高度卡尺、游标万能角度尺、钻头、划规、标准平板、V形架。

5）设备：台虎钳、砂轮机、台式钻床。

6）备料：45圆钢，规格为 $\phi30mm×115mm$。

学习过程

技能要点提示

1）圆形毛坯加工成长方体前的锯削以及锤子斜面的锯削很关键，由于锯面长而宽，容易因锯缝歪斜而出现废品。

2）进行锤子孔加工前的钻孔时，应避免向左右两边偏移过多。

一、引导问题

1. 本工件毛坯是圆形的，在划线时要注意什么？

_____

_____

_____

_____

2. 锯削 45 钢材料时，应选用粗齿还是细齿锯条？为什么？

_____

_____

_____

3. 锉削圆孔的方法是什么？

_____

_____

_____

4. 钻孔时，如果钻出的浅坑与划线圆发生偏位，应如何找正？

_____

_____

_____

_____

5. 扩孔适用于哪些场合？本工件需要扩孔吗？

_____

_____

_____

_____

6. 写出金属锤子的淬火方法。

_____

_____

_____

_____

_____

二、制作

学生在规定时间内完成加工作业。

三、善后工作

学生按照 "6S" 管理要求整理实训设备及场地，填写日志，值日生做好值日工作。

学习活动 5 交 付 验 收

学习目标

1) 能熟练地对检测结果与图样进行比较，判别零件是否合格。
2) 能熟练地按照评分标准进行评分。

学习准备

1）学习用具、多媒体及网络设备。

2）教材：《机械制图》《金属材料与热处理》《钳工工艺学》《钳工技能训练》等。

3）参考资料：《钳工手册》《机械设计手册》等。

学习过程

完成产品的制作后，根据给出的标准对工件进行评分，填写表 15-6。

表 15-6　工件评分标准表

序号	考核要求	配分	评分标准	实测记录	自评得分	教师评分
1	（20±0.05）mm（2 处）	2×10	超差全扣			
2	（20±0.20）mm	10	超差全扣			
3	112mm、30mm、10mm、R2.5mm（4 处）	4×6	超差全扣			
4	≡ 0.2 B	8	超差全扣			
5	∥ 0.05 C （2 处）	2×3	超差全扣			
6	⊥ 0.03 C （4 处）	4×3	超差全扣			
7	表面粗糙度值 $Ra \leqslant 3.2\mu m$（10 处）	10×1	超差全扣			
8	安全文明生产	10	每次扣 5 分，扣完为止			
合计						

学习活动 6　成果展示、评价与总结

学习目标

1）小组成员熟练地收集资料并进行成果展示。

2）能对自己及别人的工作做出客观的评价。

3）能对自己的工作进行总结。

学习准备

1）学习用具、多媒体及网络设备。

2）教材：《机械制图》《金属材料与热处理》《钳工工艺学》《钳工技能训练》等。

3）参考资料：《钳工手册》《机械设计手册》等。

学习过程

一、成果展示

1. 展示前的准备工作

小组成员收集资料，制作 PPT 或展板。

2．展示过程

各小组派代表展示制作好的金属锤子，并由讲解人员做必要的介绍。在展示过程中，以小组为单位进行评价，评价完成后，根据其他小组成员对本组所展示成果的评价意见进行归纳总结。

完成了？仔细*检查*，客观*评价*，及时*反馈*

二、评价

1．评价标准

金属锤子制作学习过程评价量表见表15-7。

表15-7　学习过程评价量表

班级		姓名		学号		配分	自评得分	互评得分	教师评分
课堂表现	1．课堂上回答问题 2．完成引导问题					2×6			
平时表现	1．实习期间出勤情况 2．遵守实习纪律情况 3．平时技能操作练习的动作、姿势 4．每天的实训任务完成质量 5．劳动习惯、实习岗位卫生情况					5×2			
综合专业技能水平	基本知识	1．熟悉机械工艺基础知识，掌握工件加工工艺流程 2．识图能力强，掌握公差与配合的概念、术语，懂得相关专业知识 3．掌握量具的结构、读数原理及读数方法，并了解量具的维护保养知识 4．了解钳工常用工具的种类和用途				4×3			
	操作技能	1．按钳工技能应根据"工件评分标准表"评出工件实际分数 2．熟悉质量分析方法，善于理论联系实际，提高自己的综合实践能力 3．动手能力强，熟练掌握钳工专业各项操作技能，基本功扎实 4．具备加工工艺流程的选择、工艺路线优化、加工精度控制技能				4×6			
	工具使用	1．工具、量具、刃具使用正确且懂得维护保养知识 2．熟练操作钳工实习设备				2×3			
情感态度	1．与教师的互动情况 2．注重提高自己的动手能力 3．与组员的交流、合作情况 4．学习兴趣、态度、积极主动性					4×4			
设备使用	1．严格按型号、规格摆放和保管好工具、量具、刃具 2．严格遵守机床操作规程和各工种安全操作规章制度，维护保养好实习设备					2×3			

（续）

班级		姓名		学号		配分	自评 得分	互评 得分	教师 评分
资源 使用	节约实习消耗用品,合理使用材料					4			
安全 文明 实习	1. 遵守实习场所纪律,听从实习指导教师指挥及安排 2. 掌握安全操作规程和消防安全知识 3. 严格遵守安全操作规程、实训中心的规章制度和实习纪律 4. 按国家有关法规,发生重大事故者,取消实习资格,并且实习成绩为零分 5. 遵守"6S"管理要求					5×2			
合计									

2. 总评

总评并填写学生成绩总评表，见表 15-8。

表 15-8　学生成绩总评表

序号	评分组	成绩	百分比	得分
1	检测工件得分(教师)		30%	
2	学生自评得分		20%	
3	学生互评得分		20%	
4	教师评分		30%	
合计				

三、总结

1. 产品不合格的原因有哪些？如何避免出现不合格产品？

_____

_____

_____

2. 写出你关于本工作任务的经验分享。

_____

_____

3. 填写学习情况反馈表，见表 15-9。

表 15-9　学习情况反馈表

序号	评价项目	学习任务完成情况
1	工作页的填写情况	
2	独立完成的任务	
3	小组合作完成的任务	
4	在教师指导下完成的任务	
5	是否达到学习目标	
6	存在的问题及建议	

学习拓展

米制、寸制长度单位及其换算

1. 米制单位

1 米 （m）= 10 分米 （dm）   1 分米 （dm）= 10 厘米 （cm）

1 厘米 （cm）= 10 毫米 （mm）   1 毫米 （mm）= 10 丝米 （dmm）

1 丝米 （dmm）= 10 忽米 （cmm）   1 忽米 （cmm）= 10 微米 （μm）

1 毫米 （mm）= 1000 微米 （μm）

机械制造中采用的长度单位常以毫米 （mm） 为基本单位，零件图样中采用毫米 （mm） 作为尺寸单位，规定不标注单位。

2. 寸制单位

1 英尺 （1′）= 12 英寸 （12″）   1 英寸 （in）= 8 英分

寸制长度单位以英寸 （in） 为基本单位。

3. 米制与寸制长度单位换算

1 英寸 （in）= 25.4 毫米 （mm）

1 英尺 （ft）= 304.8 毫米 （mm）

任务 16

平行夹的制作

学习目标

1）能手绘平行夹工件的零件图及装配图。

2）更熟练地进行材料成本计算，并具有成本意识。

3）能读懂图样及加工工艺，并能按照加工工艺进行工件的加工。

4）能熟练地进行平面和圆弧面的锉削加工，并能控制尺寸精度。

5）能正确使用量具。

6）会锪孔，能熟练地攻螺纹。

7）具有一定的金属材料知识，能说出一些常用金属材料的牌号及含义。

8）能与相关人员沟通，有合作精神，严格遵守有关规范及安全要求，形成良好的职业素养。

9）能熟练地检测工件，判别零件是否合格。

10）能熟练地进行成果展示、评价与总结。

学习任务描述

机械维修人员在设备技术改造工作中需要使用平行夹，请根据机械维修人员的工作需要，制作一个平行夹，如图 16-1 所示。

图 16-1　平行夹

学习活动 1　接受工作任务

学习目标

1）能读懂产品零件图及装配图。

2）能明确工作任务要求。

3）能熟练地填写生产派工单，进行材料成本计算，并具有成本意识。

学习准备

1）学习用具、多媒体及网络设备。

2）教材：《机械制图》《金属材料与热处理》《钳工工艺学》《钳工技能训练》等。

3）参考资料：《钳工手册》《机械设计手册》等。

学习过程

一、产品图样

平行夹的装配图如图 16-2 所示，零件图如图 16-3 所示。

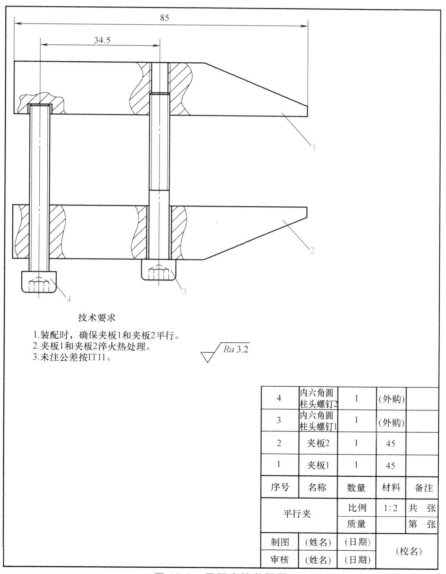

技术要求

1.装配时，确保夹板1和夹板2平行。

2.夹板1和夹板2淬火热处理。

3.未注公差按IT11。

$\sqrt{}\ Ra\,3.2$

4	内六角圆柱头螺钉2	1	(外购)	
3	内六角圆柱头螺钉1	1	(外购)	
2	夹板2	1	45	
1	夹板1	1	45	
序号	名称	数量	材料	备注
平行夹		比例	1：2	共　张
		质量		第　张
制图	(姓名)	(日期)	(校名)	
审核	(姓名)	(日期)		

图 16-2　平行夹的装配图

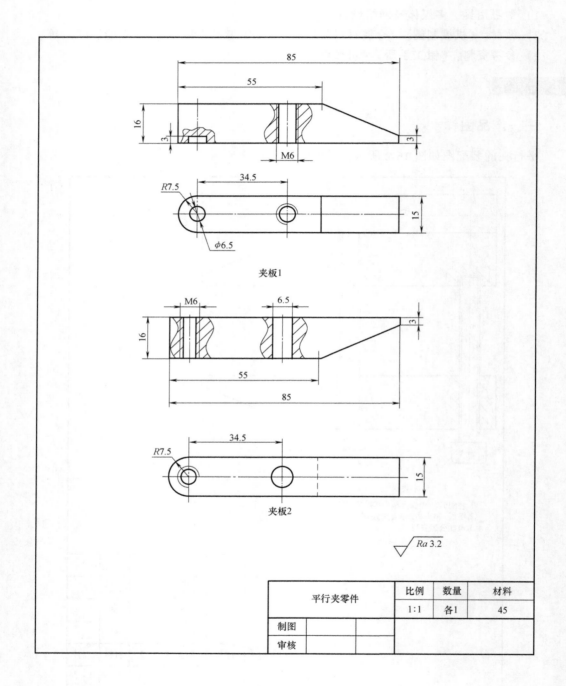

夹板1

夹板2

平行夹零件	比例	数量	材料
	1:1	各1	45
制图			
审核			

图 16-3　平行夹的零件图

二、填写生产派工单

填写平行夹生产派工单，见表16-1。

表 16-1 平行夹生产派工单

生 产 派 工 单

单号：_____ 开单部门：_____ 开单人：_____

开单时间：_____年____月__日 接单人：_____（签名）

以下由开单人填写

工作内容	按图样尺寸加工平行夹	完成工时	24h
产品技术要求	1. 装配时,确保夹板1和夹板2平行 2. 夹板1和夹板2淬火热处理 3. 未注公差按IT11		

以下由接单人和确认方填写

领取材料		成本核算	金额合计： 仓管员（签名） 年　月　日
操作者检测		（签名） 年　月　日	

三、任务要求

1）依照生产派工单所确定的生产加工项目，每人独立完成平行夹的加工制作。

2）填写生产派工单，领取材料和工具，检测毛坯材料。

3）读懂图样，并手绘平行夹的零件图及装配图。

4）以 4~6 人/组为单位进行讨论，制订小组工作计划、确定加工工艺并填写加工工艺流程表，在规定时间内完成加工作业。

5）以最经济、安全、环保的原则来确定加工过程，并按照技术标准实施。整个生产作业过程要符合"6S"管理要求。

6）在作业过程中实施过程检验，工件加工完毕且检验合格后交付使用，并填写工件评分标准表。

7）在工作过程中学习相关理论知识，并完成相关知识的练习任务。

8）对已完成的工作进行记录及存档，认真地完成学习过程评价量表中的自评及互评以及作品展示、总结和反馈工作。

学习活动 2 工 作 准 备

学习目标

1）能进行平行夹零件图及装配图的手绘。

2）了解平行夹的作用。

3）具有一定的金属材料知识，能说出一些常用金属材料的牌号及其含义。

4）能严格遵守安全规章制度及"6S"管理的有关内容，并能做好加工前的准备工作。

学习准备

1）学习用具、多媒体及网络设备。

2）教材：《机械制图》《金属材料与热处理》《钳工工艺学》《钳工技能训练》等。

3）参考资料：《钳工手册》《机械设计手册》等。

4）工具、量具、刃具：锤子、扁錾、锯弓、锯条、钢直尺、锉刀、游标卡尺、千分尺、游标万能角度尺、90°角尺、游标高度卡尺、钻头、丝锥、铰杠、标准平板、V形架。

5）设备：台虎钳、砂轮机、台式钻床。

6）备料：45 钢，规格为 90mm×16mm×16mm（两块/人）；M6×50mm 内六角圆柱头螺钉（两个/人，外购）。

7）其他辅助工具：C 形夹。

学习过程

一、手绘草图

手绘平行夹的零件草图和装配草图（分别绘制在图 16-4 和图 16-5 中）。

图 16-4　平行夹零件草图

图 16-5 平行夹装配草图

二、手绘零件图

选用标准图纸，手工绘制平行夹的零件图。

三、选择所需的工具、量具、刃具

在表 16-2 中填写工作过程中所需的工具、量具、刃具。

表 16-2　工作过程中所需的工具、量具、刃具

工作过程中所需的工具	
工作过程中所需的量具	
工作过程中所需的刃具	

四、引导问题

1. 平行夹的作用是什么？

_____

_____

_____

2. 铁碳合金知识。

1）通常把以铁及碳为组元的合金（钢铁）称为_____。

2）合金是_____

3）铁素体是_____

4）渗碳体是_____

3. 合金钢知识。

（1）合金钢的分类

1）按用途分类：_____、_____、_____。

2）按合金元素总质量分数分类：_____金钢：合金元素总质量分数为_____。

_____金钢：合金元素总质量分数为_____。

_____金钢：合金元素总质量分数为_____。

3）合金钢的牌号。

Q460 的含义：_____

60Si2Mn 的含义：_____

65Mn 的含义：_____

18MnMoNbER 的含义：_____

Cr12MoV 的含义：_____

GCr15SiMn 的含义：_____

（2）合金结构钢

1）通常按用途及热处理特点不同，合金结构钢可分为_____、

_____、_____、_____、_____等。

2）常用合金结构钢的牌号。

20Cr 的含义：_____

20CrMn 的含义：_____

40Cr 的含义：_____

42CrMo 的含义：_____

38CrMoAl 的含义：_____

（3）合金工具钢

1）合金工具钢按用途可分为_____、_____、_____。

2）常用合金工具钢的牌号：

9SiCr 的含义：_____

9Mn2V 的含义：_____

W18Cr4VCo10 的含义：_____

（4）特殊性能钢

1）不锈钢。

12Cr18Ni9 的含义：_____

10Cr17 的含义：_____

12Cr13 的含义：_____

2）耐热钢。

40Cr14Ni14W2Mo 的含义：_____

3）耐磨钢。

ZGMn13 的含义：_____

4. 铸铁知识。

（1）铸铁的分类

1）根据铸铁在结晶过程中的石墨化程度不同进行分类：_____、

_____、_____。

2）根据铸铁中石墨形态的不同进行分类：_____、

_____、_____、_____。

（2）铸铁的牌号

HT100 的含义：_____

KTH300-06 的含义：_____

QT400-18 的含义：_____

5. 填写表 16-3 中的牌号及其含义。

表 16-3　常见刀具、零件用品的材料牌号及其含义

图　片	名称	牌号及其含义
	锯条	
	锉刀	
	錾子	
	划线平板	
	齿轮	
	弹簧钢板	
	滚动轴承	
	不锈钢锅	

学习活动 3 制订工作计划

学习目标

1) 能对照图样读懂加工工艺，并具有编写简单工件加工工艺的能力。
2) 能熟练制订小组工作计划及工作安全防护措施。

学习准备

1) 学习用具、多媒体及网络设备。
2) 教材：《机械制图》《金属材料与热处理》《钳工工艺学》《钳工技能训练》等。
3) 参考资料：《钳工手册》《机械设计手册》等。

学习过程

操作过程提示

1) 按图样要求分别加工夹板 1 和夹板 2。

2) 锯削夹板 1 和夹板 2 的斜面，起锯时，应水平放置并装夹工件，起锯深 1mm 左右后，再把锯缝垂直放置装夹工件进行锯削。

3) 两块夹板加工好后，划好线，将两块夹板合在一起用 C 形夹夹牢，进行钻孔加工。

一、制订加工工艺

制订加工工艺并填写加工工艺流程表，见表 16-4。

表 16-4 加工工艺流程表

组别		组员		组长	
产品分析					
制订加工工艺	1)加工夹板 1。 ① 锉削加工尺寸 15mm 的两个平面中的一个，达到平面度、平行度、垂直度、直线度和表面质量要求。然后以此面为基准面划 15mm 的线，锯削去除余量，最后锉削加工，保证(15±0.05)mm 的尺寸公差，达到平面度、平行度、垂直度、直线度和表面质量要求 ② 加工两端面，保证(85±0.1)mm 的尺寸公差，达到平面度、平行度、垂直度、直线度和表面质量要求 2)加工夹板 2。 ① 锉削加工尺寸 15mm 的两个平面中的一个，达到平面度、平行度、垂直度、直线度和表面质量要求。然后以此面为基准面划 15mm 的线，锯削去除余量，最后锉削加工，保证(15±0.05)mm 的尺寸公差，达到平面度、平行度、垂直度、直线度和表面质量要求 ② 加工两端面，保证(85±0.1)mm 的尺寸公差，达到平面度、平行度、垂直度、直线度和表面质量要求 3)根据孔的尺寸分别在夹板 1 和夹板 2 上划线，然后用 C 形夹将两者合在一起夹牢进行钻孔。根据图样中的尺寸，用 ϕ5mm 钻头钻两处底孔，保证(34.5±0.1)mm 的尺寸公差。注意：夹板 1 和夹板 2 中间位置的孔及夹板 2 端部的孔钻穿，夹板 1 端部的孔钻 3mm 深。然后拆除 C 形夹，夹板 1 端部的孔扩孔至 ϕ6.5mm 并锪深 3mm，中间位置攻 M6 螺纹孔；夹板 2 端部攻 M6 螺纹孔，中间位置的孔扩孔至 ϕ6.5mm 4)整修、检测工件，合格后上交验收				
备注					

二、制订小组工作计划

_____

_____

_____

_____

_____

_____

_____

三、引导问题

制订工作中的安全防护措施。

_____

_____

_____

_____

_____

_____

学习活动 4 制作过程

学习目标

1）能更熟练地进行划线、锯削、锉削及孔加工工作，具有一定的控制尺寸精度的能力。

2）能更熟练地使用量具。

3）能对加工好的工件进行淬火热处理。

4）能与相关人员沟通，有合作精神，严格遵守有关规范及安全要求，形成良好的职业素养。

学习准备

1）学习用具、多媒体及网络设备。

2）教材：《机械制图》《金属材料与热处理》《钳工工艺学》《钳工技能训练》等。

3）参考资料：《钳工手册》《机械设计手册》等。

4）工具、量具、刃具：锤子、扁錾、锯弓、锯条、钢直尺、锉刀、游标卡尺、千分尺、游标万能角度尺、90°角尺、游标高度卡尺、钻头、丝锥、铰杠、标准平板、V形架。

5）设备：台虎钳、砂轮机、钻床。

6）备料：45钢，规格为90mm×16mm×16mm（两块/人）；M6×50mm内六角圆柱头螺钉（两个/人，外购）。

7）其他辅助工具：C 形夹。

学习过程

技能要点提示

1）为了保证夹板 1 和夹板 2 上孔的一致性，应将两块夹板合在一起进行钻孔加工。

2）M6 丝锥直径较小，容易折断，攻螺纹时，要加全损耗系统油润滑，并经常倒转 1/4～1/2 圈，以避免丝锥被卡住而折断。

3）锯削两夹板的斜面时，起锯要正确，否则容易造成废品或刮伤已加工好的表面。

一、引导问题

1. 钻夹板 1 上夹板 2 上的两个孔时，应怎样操作？

_____

_____

_____

_____

2. 说出锪孔的方法。

_____

_____

_____

_____

_____

3. 攻螺纹时要注意哪些问题？

_____

_____

_____

_____

_____

4. 如何进行斜面锯削？锯缝歪斜的原因是什么？

_____

_____

_____

_____

_____

5. 锉削时如何选择锉刀？锉削尺寸公差控制不好的原因是什么？

_____

_____

二、制作

学生在规定时间内完成加工作业。

三、善后工作

学生按照"6S"管理要求整理实训设备及场地，填写日志，值日生做好值日工作。

学习活动5　交付验收

学习目标

1）能熟练地检测工件，并判别零件是否合格。
2）能熟练地按照工件评分标准进行评分。

学习准备

1）学习用具、多媒体及网络设备。
2）教材：《机械制图》《金属材料与热处理》《钳工工艺学》《钳工技能训练》等。
3）参考资料：《钳工手册》《机械设计手册》等。

学习过程

完成平行夹的制作后，根据给出的标准对其进行评分，填写表16-5。

表16-5　工件评分标准表

序号	考核要求	配分	评分标准	实测记录	互评得分	教师评分
1	(15 ± 0.05)mm（2处）	2×10	超差全扣			
2	(85 ± 0.1)mm（2处）	2×10	超差全扣			
3	(34.5 ± 0.1)mm（2处）	2×10	超差全扣			
4	M6（2处）	2×7.5	烂牙、乱牙全扣			
5	$R7.5$（2处）	2×7.5	超差全扣			
6	安全文明生产	10	违者酌情扣1~5分			
合计						

学习活动6　成果展示、评价与总结

学习目标

1）小组成员能较熟练地进行资料收集和作品展示。

2）能对自己及别人的工作进行客观的评价。

3）能熟练地对自己的工作进行总结。

学习准备

1）学习用具、多媒体及网络设备。

2）教材：《机械制图》《金属材料与热处理》《钳工工艺学》《钳工技能训练》等。

3）参考资料：《钳工手册》《机械设计手册》等。

学习过程

一、成果展示

1. 展示前的准备工作

小组成员收集资料，制作 PPT 或展板。

2. 展示过程

各小组派代表展示制作好的平行夹，并由讲解人员做必要的介绍。在展示过程中，以小组为单位进行评价，评价完成后，根据其他小组成员对本组所展示成果的评价意见进行归纳总结。

完成了？仔细*检查*，客观*评价*，及时*反馈*

二、评价

1. 评价标准

平行夹制作学习过程评价量表见表 16-6。

表 16-6 平行夹制作学习过程评价量表

班级		姓名		学号		配分	自评得分	互评得分	教师评分
课堂表现	1. 课堂上回答问题 2. 完成引导问题					2×6			
平时表现	1. 实习期间出勤情况 2. 遵守实习纪律情况 3. 平时技能操作练习的动作、姿势 4. 每天的实训任务完成质量 5. 劳动习惯、实习岗位卫生情况					5×2			
综合专业技能水平	基本知识	1. 熟悉机械工艺基础知识,掌握工件加工工艺流程 2. 识图能力强,掌握公差与配合的概念、术语,懂得相关专业知识 3. 掌握量具的结构、读数原理及读数方法,并了解量具的维护保养知识 4. 了解钳工常用工具的种类和用途				4×3			
	操作技能	1. 按钳工技能应根据"工件评分标准表"评出工件实际分数 2. 熟悉质量分析方法,善于理论联系实际,提高自己的综合实践能力				4×6			

（续）

班级			姓名		学号		配分	自评 得分	互评 得分	教师 评分
综合 专业 技能 水平	操作 技能	3. 动手能力力强,熟练掌握钳工专业各项操作技能,基本功扎实 　4. 具备加工工艺流程的选择、工艺路线优化、加工精度控制技能					4×6			
	工具 使用	1. 工具、量具、刃具使用正确且懂得维护保养知识 2. 熟练操作钳工实习设备					2×3			
情感 态度		1. 与教师的互动情况 2. 注重提高自己的动手能力 3. 与组员的交流、合作情况 4. 学习兴趣、态度、积极主动性					4×4			
用好 设备		1. 严格按型号、规格摆放和保管工具、量具、刃具 2. 严格遵守机床操作规程和各工种安全操作规章制度,维护保养好实习设备					2×3			
资源 使用		节约实习消耗用品,合理使用材料					4			
安全 文明 实习		1. 遵守实习场所纪律,听从实习指导教师指挥及安排 2. 掌握安全操作规程和消防安全知识 3. 严格遵守安全操作规程、实训中心的规章制度和实习纪律 4. 按国家有关法规,发生重大事故者,取消实习资格,并且实习成绩为零分 5. 遵守"6S"管理要求					5×2			
合计										

2. 总评

进行总评，并填写学生成绩总评表，见表16-7。

表 16-7　学生成绩总评表

序号	评分组	成绩	百分比	得分
1	检测工件得分(教师)		30%	
2	学生自评得分		20%	
3	学生互评得分		20%	
4	教师评分		30%	
合计				

三、总结

1. 到目前为止，你最大的收获是什么?

_____

_____

_____

_____

_____

_____

2. 本课程学习结束，请写一篇工作总结报告。

_____

_____

_____

_____

_____

_____

_____

_____

_____

_____

_____

_____

3. 填写学习情况反馈表，见表16-8。

表 16-8　学习情况反馈表

序号	评价项目	学习任务完成情况
1	工作页的填写情况	
2	独立完成的任务	
3	小组合作完成的任务	
4	在教师指导下完成的任务	
5	是否达到学习目标	
6	存在的问题及建议	

学习拓展

不同类型螺纹攻螺纹前钻底孔的钻头直径见表16-9~表16-12。

表 16-9　普通螺纹攻螺纹前钻底孔的钻头直径　（单位：mm）

螺纹直径 D	螺距 P	钻头直径 d_0 铸铁、青铜、黄铜	钢、可锻铸铁、纯铜、层压板	螺纹直径 D	螺距 P	钻头直径 d_0 铸铁、青铜、黄铜	钢、可锻铸铁、纯铜、层压板
2	0.4	1.6	1.6	10	1.5	8.4	8.5
	0.25	1.75	1.75		1.25	8.6	8.7
					1	8.9	9
					0.75	9.1	9.2
2.5	0.45	2.05	2.05	12	1.75	10.1	10.2
	0.35	2.15	2.15		1.5	10.4	10.5
					1.25	10.6	10.7
					1	10.9	11
3	0.5	2.5	2.5	14	2	11.8	12
	0.35	2.65	2.65		1.5	12.4	12.5
					1	12.9	13
4	0.7	3.3	3.3	16	2	13.8	14
	0.5	3.5	3.5		1.5	14.4	14.5
					1	14.9	15
5	0.8	4.1	4.2	18	2.5	15.3	15.5
	0.5	4.5	4.5		2	15.8	16
					1.5	16.4	16.5
					1	16.9	17
6	1	4.9	5	20	2.5	17.3	17.5
	0.75	5.2	5.2		2	17.8	18
					1.5	18.4	18.5
					1	18.9	19
8	1.25	6.6	6.7	22	2.5	19.3	19.5
	1	6.9	7		2	19.8	20
	0.75	7.1	7.2		1.5	20.4	20.5
					1	20.9	21

表 16-10　寸制螺纹、圆柱管螺纹攻螺纹前钻底孔的钻头直径

寸制螺纹				圆柱管螺纹		
螺纹直径 /in[1]	每 in 牙数	钻头直径 铸铁、青铜、黄铜	钢、可锻铸铁	螺纹直径 /in	每 in 牙数	钻头直径
3/16	24	3.8	3.9	1/8	28	8.8
1/4	20	5.1	5.2	1/4	19	11.7
5/16	18	6.6	6.7	3/8	19	15.2
3/8	16	8	8.1	1/2	14	18.9
1/2	12	10.6	10.7	3/4	14	24.4
5/8	11	13.6	13.8	1	11	30.6
3/4	10	16.6	16.8	1¼	11	39.2
7/8	9	19.5	19.7	1⅜	11	41.6
1	8	22.3	22.5	1½	11	45.1

[1] 1in＝2.54cm。

表 16-11　圆锥管螺纹攻螺纹前钻底孔的钻头直径

55°圆锥管螺纹			60°圆锥管螺纹		
公称直径/in	每 in 牙数	钻头直径/mm	公称直径/in	每 in 牙数	钻头直径/mm
1/8	28	8.4	1/8	27	8.6
1/4	19	11.2	1/4	18	11.1
3/8	19	14.7	3/8	18	14.5
1/2	14	18.3	1/2	14	17.9
3/4	14	23.6	3/4	14	23.2
1	11	29.7	1	11½	29.2
1¼	11	38.3	1¼	11½	37.9
1½	11	44.1	1½	11½	43.9
2	11	55.8	2	11½	56

表 16-12　板牙套螺纹时的圆杆直径

粗牙普通螺纹				寸制螺纹			圆柱管螺纹		
螺纹直径 /mm	螺距 /mm	螺杆直径/mm		螺纹直径 /in	螺杆直径/mm		螺纹直径 /in	管子外径/mm	
		最小直径	最大直径		最小直径	最大直径		最小直径	最大直径
M6	1	5.8	5.9	1/4	5.9	6	1/8	9.4	9.5
M8	1.25	7.8	7.9	5/16	7.4	7.6	1/4	12.7	13
M10	1.5	9.75	9.85	3/8	9	9.2	3/8	16.2	16.5
M12	1.75	11.75	11.9	1/2	12	12.2	1/2	20.5	20.8
M14	2	13.7	13.85	—	—	—	5/8	22.5	22.8
M16	2	15.7	15.85	5/8	15.2	15.4	3/4	26	26.3
M18	2.5	17.7	17.85	—	—	—	7/8	29.8	30.1
M20	2.5	19.7	19.85	3/4	18.3	18.5	1	32.8	33.1
M22	2.5	21.7	21.85	7/8	21.4	21.6	1⅛	37.4	37.7
M24	3	23.65	23.8	1	24.5	24.8	1¼	41.4	41.7
M27	3	26.65	26.8	1¼	30.7	31	1⅜	43.8	44.1
M30	3.5	29.6	29.8	—	—	—	1½	47.3	47.6

参 考 文 献

［1］ 赵志群. 职业教育工学结合一体化课程开发指南［M］. 北京：清华大学出版社，2009.

［2］ 姜波. 钳工工艺学［M］. 5 版. 北京：中国劳动社会保障出版社，2015.

［3］ 谢增明. 钳工技能训练［M］. 4 版. 北京：中国劳动社会保障出版社，2005.

［4］ 侯文祥，逯萍. 钳工基本技能训练［M］. 北京：机械工业出版社，2008.

［5］ 陈雷. 钳工项目式应用教程［M］. 北京：清华大学出版社，2009.

［6］ 人力资源和社会保障部教材办公室. 机械制图［M］. 6 版. 北京：中国劳动社会保障出版社，2011.

［7］ 人力资源和社会保障部教材办公室. 金属材料及热处理［M］. 6 版. 北京：中国劳动社会保障出版
社，2011.

［8］ 人力资源和社会保障部教材办公室. 机械基础［M］. 5 版. 北京：中国劳动社会保障出版社，2011.

［9］ 杨国勇. 机械非标零部件手工制作［M］. 北京：机械工业出版社，2013.

［10］ 杨国勇. 钳加工技能实训［M］. 北京：电子工业出版社，2018.